怒型人格的理论与研究

黄 端 ◇ 著

中国出版集团

世界图书出版公司

广州·上海·西安·北京

图书在版编目（CIP）数据

怒型人格的理论与研究 / 黄端著 . —广州 : 世界
图书出版广东有限公司 , 2025.1重印
　ISBN 978-7-5192-1754-9

　Ⅰ . ①怒… Ⅱ . ①黄… Ⅲ . ①人格心理学—研究
Ⅳ . ① B848

中国版本图书馆 CIP 数据核字（2016）第 204451 号

怒型人格的理论与研究

责任编辑　张梦婕
封面设计　楚芊沅
出版发行　世界图书出版广东有限公司
地　　址　广州市新港西路大江冲 25 号
印　　刷　悦读天下（山东）印务有限公司
规　　格　787mm×1092mm　1/16
印　　张　11.375
字　　数　162 千字
版　　次　2016 年 8 月第 1 版　2025 年 1 月第 3 次印刷
ISBN 978-7-5192-1754-9/B · 0143
定　　价　68.00 元

《中国当代心理科学文库》
编委会

（按姓氏笔画排序）

目 录

第四部分　两个实证研究

第一部分　怒型人格的概念介绍

1　特殊的情绪——愤怒

愤怒这种情绪体验很常见。一般而言，一个人一周会体验好几次愤怒，每次大约持续半个小时（Averill，1983；Kassinove, Sukhodolsky, Tsytsarev, & Solovyeva，1997）。愤怒是基本情绪的一种（Oatley，1992），这种情绪在漫长的进化历程中存在下来，必然有它的适应价值，并与一系列独特的认知评价、生理变化和行为倾向有关联（Kassinove & Sukhodolsky，1995）。但现代文明社会将愤怒标定为一种负面的东西。任意表达愤怒有损一个人的社会形象（Freud，1964；Tavris，1984）。Benjamin Franklin（1734）就说过："凡始于怒者必终于羞。"人们嫌恶愤怒者，可能是因为愤怒这种内部体验与不断提升的伤害他人的动机息息相关（Bushman & Anderson，1998）。愤怒也不利于个人健康，它是三种与心血管疾病密切相关的情绪之一（Gallo & Matthews，2003；Rozanski, Blumenthal, & Kaplan，1999；Rugulies，2002）。极端水平的愤怒是多种心理疾患的主要特征，这些疾患包括间歇性暴发性障碍（intermittent explosive disorder）、创伤后应激障碍（post-traumatic stress disorder）和重性抑郁（major depression）等I轴疾患，以及边缘性人格障碍、偏执型人格障碍和自恋型人格障碍等 II 轴疾患（American Psychiatric Association，1994）等。愤怒与血压升高（Suls，Wan & Costa，1995）、社会适应不良（Defenbacher，1992）和攻击行为（Berkowitz，1993）的关系说明这种情绪是明显有害的，值得在临床上加以关注。事实上，与愤怒有关的问题常常是人们寻求专业帮助的主要原因（Lachmund，DiGiuseppe & Fuller，2005），并很早就在临床上引起关注（Novaco，1976）。愤怒这种情绪也早已受到人格心理学家的关注，仅在 1988 至 1998 的十年间就有 65 篇有关愤怒、攻击和愤世嫉俗的文章发表在《Journal of Personality》和《Journal of Personality and Social Psychology》这两本杂志上。研究者们一直试图弄清楚这种情绪的本质，以更好地控制它。

1.1 愤怒的动机性质

在 6 种基本情绪中（Ekman，1999），愤怒特别难以琢磨。这个体现在它在动机性质上的模棱两可。作为一种常见的负性情绪，愤怒被许多研究者认定为与趋近动机有关（Carver & Harmon-Jones，2009），而几乎所有的其他负性基本情绪（厌恶和恐惧）均体现为回避动机的性质。所谓趋近动机是指对朝向正性刺激的行为的激发或导向，而相应的回避动机则是指对远离负性刺激的行为的激发或导向（Elliot，2006）。显而易见，当人厌恶或害怕某个对象时，他总会想要远离它；而当人对某个对象感到愤怒时，他很大可能上会扑上去攻击它。攻击就是一种趋近行为（Carver & Harmon-Jones，2009；Harmon-Jones & Peterson，2008），而愤怒与攻击的如影随形（Wilkowski & Robinson，2012），使人们很自然地认为愤怒与趋近动机有关联。事实上，也有不少的实验证据支持这种观点。例如，研究发现脑中睾酮（testosterone）的水平是产生愤怒和攻击行为的重要因素（Albert，Jonik，& Walsh，1992）。许多雄性灵长类动物发动攻击时也都会伴随着睾酮水平的升高（Mazur，1985）。在人类及其他动物如老鼠中，较高的睾酮水平都会引起趋近行为及与愤怒相关的行为。这说明愤怒情绪与攻击行为有着共同的生理基础，或至少说明这两种心理和行为现象所伴随着的生理反应有重叠的部分。睾酮水平就是两者产生关联的其中一个点。除此以外，还有许多研究从其他方面为愤怒与趋向动机的关联提供了证据。

有些研究者通过对行为趋避的测量，为愤怒与趋近动机的联系提供了一定的证据。Ambady，Macrae 和 Kleck（2006）给被试呈现运动着的面孔，并要求他们判断面孔是在向自己逼近，还是在远离自己。这些面孔一些是愤怒面孔，另一些是恐惧面孔。结果发现，被试对逼近的愤怒面孔比对逼近的恐惧面孔反应更快，但在远离情况下则没有差异。这表明愤怒面孔易化了对趋近运动的识别，在一定程度上支持了愤怒情绪与趋近动机的关系。而Wilkowski 和 Meier（2010）在一项实验中，在计算机屏幕上下分别呈现一张面孔图片和一个白色盒子，屏幕中间有关于面孔表情的描述，要求被试通过伸展或收缩手臂来调节文字与图片的距离。研究者认为，伸展的动作意味着将对象推离自己，与回避动机相对应；而收缩的动作意味着将对象牵引向自己，与趋向动机相对应。结果发现，当呈现愤怒图片时，被试的收缩动作比伸展动作更加迅速，但在中性和恐惧面孔出现时，两种动作的速度没有差异。这一结果也支持了"愤怒情绪更容易诱发趋近动机相关的行为"这种观点。

1.2 愤怒动机性质的脑部机制

有研究者试图通过评估双侧额叶的相对活动水平来为愤怒与趋近动机的关系寻找支持的证据。这种做法的可行性依赖于这样一个事实，即许多具有左右对称结构的生物都存在着趋近动机和回避动机在脑部表征上的分离（Carver & Harmon-Jones，2009）。很多物种都会对出现在左视野内（对应的是右半球）的捕食者反应更警觉（Lippolis，Bisazza，Rogers，& Vallortigara，2002），而对出现在右侧视野内（对应的是左半球）的食物更敏感（Vallortigara & Roger，2005）。另外，猴子的防守行为（回避行为）与右侧额叶的活动相关，而其攻击行为（趋近行为）与左侧额叶的活动相关（Kalin，1999）。也就是说，左侧额叶的活动与趋近动机相对应，而右侧额叶的活动与回避动机相对应。这些研究者的逻辑是如果愤怒情绪对应着左侧额叶的活动增加，那么就说明它在动机性质上是趋近的；而如果对应着右侧额叶的活动增加，则说明它在动机性质上是回避的。这种逻辑得到了一些研究的支持。

Sutton 和 Davidson（1997）通过测量人类被试的 EEG 活动发现，静息状态下前额叶 EEG 的信号活动是不对称的，在行为激活系统（Behavioral Activation System，BAS）量表上得分高的个体表现出更强烈的左侧前额叶活动，而在行为抑制系统（Behavioral Inhibition System，BIS）量表上得分高的个体中右侧前额叶活动更强。这些研究者认为，在 BAS 上得分高的人，具有更多的趋近行为，而在 BIS 上得分高的人具有更多的回避行为，而这两种人在静息状态下前额叶 EEG 信号活动上的差异恰好支持了"左前额叶对应趋近动机，而右前额叶对应回避动机"的观点。

不久，Harmon-Jones 和 Allen（1998）通过脑电（electroencephalogram，EEG）测量确定了特质愤怒与额叶活动偏侧化的关系，他们发现特质愤怒（trait anger）水平与左侧额叶 α（8~13Hz）的活动水平呈正相关，这一关系与动机的额叶偏侧化现象是一致的（Harmon-Jones & Allen，1997；Sutton & Davidson，1997）。Harmon-Jones 和 Peterson（2009）也发现，当被试处于站立姿势时，侮辱诱发的愤怒情绪引起了强烈的左侧额叶活动的增强；而当被试处于仰卧姿势时，这种诱发的额叶活动减弱了。研究者的解释是仰卧是一种与回避动机相关的状态，因而减弱了左侧额叶对愤怒的反应。这些研究均说明，容易愤怒的人的左侧额叶活跃水平比较高，而左侧额叶活动水平与趋近动机相对应，因而愤怒与趋近动机的关系也可以在左侧额叶活动水平这个点上产生联系。而 He 等人（2010）对 209 个婴儿的各种心理行为数据（包括在 4 个月时的愤怒表达的数据、在 9 个月时的 EEG 基线活动水平和趋近行为的数据以及在 4 岁时的抑制控制能力和父母报告的行为问题的数据）进行分析后表明，与那些没有愤怒倾向的婴儿相比，有愤怒倾向并且伴随着较强的左侧额叶 EEG 活动的婴儿表现出更多的趋近行为和更少的抑制控制。这些数据进一步为愤怒—左侧额叶活动水平—趋近动机三者之间的关系提供了证据。

虽然有如此多的证据显示，愤怒情绪与趋向动机是相应的。但也有证据显示，在特定情景下，愤怒情绪也可能与回避动机相伴随。有研究者设计了一个跨种族交流的情景，这种情景要求白种人想象自己在愤怒的情绪下与不同的人进行交流，当想象与黑人进行交流的时候，被试自我报告的愤怒水平与右侧额叶的活动水平呈正相关（Harmon-Jones, Peterson, & Harmon-Jones, 2010）。这一结果刚好与上述研究中的证据相反，愤怒与回避动机（右额叶的活动对应着回避动机）相关。研究者对此的解释是一个种族的人想象与另一种族的人进行交流时，如果表达愤怒可能会被视作种族歧视，这种情况下就会产生回避动机，因此被试的右侧前额叶的 EEG 水平会随愤怒水平的升高而升高。这种结果表明愤怒在特定的情境中会与回避动机联系在一起，但是这种关系会随着情景的变化而变化。

1.3 有关愤怒动机性质的理论解释

愤怒的动机方向到底是回避的还是趋向的？对这一问题的认识已经从"愤怒是一种具有趋近动机性质的负性情绪"转变为"在一般情况下，愤怒与趋近动机相联结，而在某些特定情境下，愤怒也可以跟回避动机相联结"（杜蕾，2012）。现在的研究者根据上述的研究证据提出了各种折中的解释，其基本思路就是愤怒这种情绪兼具趋近和回避两种动机性质。这些解释中说服力较强的就包括特异性假说（Watson, 2009）和愤怒表达假说（Zinner, Brodish, Devine, & Harmon-Jones, 2008）。

特异性假说认为，愤怒可以分为非特异性成分（nonspecific component）和特异性成分（specific component），前者是指愤怒与其他负性情绪相同的部分，而特异性成分是指愤怒与其他负性情绪不同的部分。愤怒的非特异性成分主要跟回避动机相关，而其特异性成分与趋近动机有更强烈的联结。Watson

（1988）通过对大量样本的分析指出，愤怒与恐惧、焦虑等负性情绪有更密切的联系，而与高兴等正性情绪关系较远。比如，正性情绪具有相似的生理节奏，而愤怒和其他负性情绪具有相似的生理节奏（Watson，2000）。由于愤怒与负性情绪的紧密关系，它必然在某种程度上跟回避动机有关。此外，从行为激活／抑制的角度讲，行为抑制系统与焦虑有着很强的正相关，而焦虑与愤怒也有着较强的正相关。因此，如果愤怒与行为激活系统而不是行为抑制系统相关，那么愤怒—焦虑—行为激活／抑制系统的关系网必然受到破坏。基于以上原因，Watson（2009）认为，假设愤怒具有两面性（特异性成分和非特异性成分）是解决愤怒—动机关系的合理途径。

愤怒表达假说认为，愤怒与动机的联结发生在愤怒表达阶段。愤怒表达可以分为向外表达和向内表达。向外表达即愤怒外投（anger-out），是指将愤怒以躯体活动的方式外显地表达出来；向内表达即愤怒内投（anger-in），是指将愤怒压抑而没有外显的表达。其中，愤怒外投与趋近动机有关，愤怒内投与回避动机有关。该假说是基于 Spielberger 等（Spielberger & Sydeman，1994）关于愤怒表达的分类。Spielberger 等研究者将愤怒表达分为愤怒外投、愤怒内投和愤怒控制（anger-control）三个方面。一般而言，愤怒外投与攻击性行为相关，愤怒内投与防御性行为相关，因而它们分别与趋近和回避动机相关。然而在生活经历中，有些个体会经常将愤怒情绪与回避动机联系在一起，而他们之中具有较高的愤怒控制水平的人在静息状态下就会表现出右侧额叶较高的活动水平（Hewig，Hagemann，Seifert，Naumann，& Bartussek，2004）。

2 耻辱、内疚和愤怒

作为一种普遍的人类情绪，在日常生活中，不管男女老幼，谁都免不了经历这种情绪。然而，小孩、青少年和成年人在表达和处理愤怒体验的方式上有所不同。有的人会诉诸攻击，他们会将愤怒向周围的人发泄，并一步一步地开始报复。有的人会把怒火咽下去，他们默默忍受，或试图忽视和遗忘，通过将自己的注意力从愤怒中转移开来。有的人则会将怒火导向正途，他们试图做出改变，如开启对话，解决冲突，把事情纠正过来。正如在上文中提到的，愤怒的表达可能与不同的动机产生连接，一般情况下会与趋向动机产生连接，而有时则会与回避动机产生联系。同样是对待愤怒，为什么会有这样的差别？有研究者发现，羞愧和内疚这两种不同的情绪倾向可以作为解释这种差别的一个方面（Tangney，Wagner，Hill-Barlow，Marschall，& Gramzow，1996）。

该研究探索了耻辱倾向和内疚倾向与对愤怒的建设性与非建设性反应的关系，被试涉及 302 个儿童（4—6 年级）、427 个青少年（7—11 年级），176 个大学生，194 个成人。研究发现，在所有的年龄阶段，耻辱倾向都与对愤怒的不当反应呈现清晰的相关，包括恶意，直接、非直接甚至替代的攻击，指向自己的敌意以及消极的长期结果。相反，内疚倾向则与建设性地处理愤怒的方式显著相关，包括建设性意图，纠错行为，与愤怒对象进行非敌意的对话，对目标的角色进行认知重评，以及积极的长期结果。对于逃避和分散注意的愤怒应对方式而言，在各个年龄阶段，羞愧倾向均与离开这种反应呈正相关，而在成年人中，它还与分散注意的倾向呈正相关；在儿童和青少年阶段，内疚倾向与四种应对方式（扩散，离开，转移注意，啥也不做）均呈正相关，而随着年龄的增长，这种关系很快就没有了，显然对于成年人而言，这些方式都不是建设性的。

"羞愧"和"内疚"有什么不一样？两者都是当人感觉自己做了道德上或被社会所不容的事情时所体验到的消极情绪。羞愧的时候，个体主要关注整个自我，对整个自我进行痛苦的审查和消极的评价，并感到渺小、低贱和无力；同时，羞愧感还伴随着一种被曝光的体验（被真实的或想象中的观众围观和评价），因此特别想躲起来就此消失。而内疚的时候，个体主要关注的是某一件具体的行为或失败，伴随着紧张，懊悔和遗憾，这些伴随情绪会引导个体主动实施弥补过失的行为。值得强调的是，羞愧感会导致对整个自我的消极感受，而内疚感则不会，这是两者之间最关键的区别。

在几项针对大学生的研究中，羞愧体验倾向总是伴随着愤怒唤醒，猜疑，怨恨，遇到不好的事情容易抱怨他人，间接地表达敌意等心理现象（Tangney，1990；Tangney, Wagner, Fletcher, & Gramzow, 1992）。反之，只是内疚感而没有羞愧感的话，这种倾向就与抱怨倾向以及愤怒，敌意和怨恨等指标呈负相关。在儿童中做的调查也发现了这样的现象（Tangney, Wagner, Burggraf, Gramzow, & Fletcher, 1991）。在 5 年级的男生中，羞愧倾向与自我报告的愤怒与教师报告的攻击行为呈显著的正相关，而内疚倾向则与自我报告的愤怒呈显著的负相关。在女生中，羞愧倾向与自我报告的愤怒体验也呈正相关。

中国成语恼羞成怒，与上述现象不谋而合。羞愧为什么会导致对别人的敌意与愤怒？研究者认为，因为羞愧体验是一种丢脸受辱的感觉，即对自己的评价降低同时感到暴露在众目睽睽之下（观众可能是真实的，也可能是想象的），这会导致羞愧者对自己不满而愤怒，同时丧失了控制感（无力感）。如果把愤怒导向自己之外的目标，羞愧者可能重新获得对自我的控制与把握，于是羞愧情境中的旁观者就很容易成为怨恨的对象。羞愧者的另一个途径是躲起来，避开使他感到羞愧的环境，独自咽下羞恼的情绪。或者对外主动攻击，或者消极退缩，两种方法都无法把现状导向更光明的方向。

而内疚倾向者应对愤怒的方式是建设性的，至少有三个原因。首先，激怒内疚倾向者的情境与激怒羞愧倾向者的情境并不一样。内疚者的负面评价是针对特定的行为，而不是整个自我，这种体验并不会导致像羞愧体验中所产生的对自己整体的严重威胁，因此也不会激起报复性和防御性的愤怒体验。他们的愤怒体验一般是针对别人发起的侵犯和违法的行为。其次，内疚对自我的损害不如羞愧大，因此这种体验不会埋没理性。尤其是有内疚倾向的人在人际领域有更多技巧（Tangney, 1995；Tangney, Wagner, Burggraf, et al., 1991），这也使得他们在面临人际冲突时有可能采取更具建设性的办法。最后，各个年龄阶段里均发现内疚倾向与人际同情相伴随（Tangney, 1991，

1995；Tangney，Wagner，Burggraf，et al，1991），这说明内疚倾向者更加容易站在别人的立场考虑问题，在人际冲突中更可能遏制住恶念和攻击行为，转而重新评价对方的意图，最终采取建设性的方式来解决问题。

这个研究中所使用的测量愤怒反应倾向的工具是愤怒反应量表（anger responsive inventories，ARI，Tangney，Barlow，Wagner，Marschall，Borenstein，Sanftner，Mohr，& Gramzow，1996），它是一系列的纸笔测验，用以测量当人们愤怒时会选择的一系列行为反应，包括攻击性反应和非攻击性反应。ARI 有三种版本，分别是适用于 8—12 岁的儿童的 ARI-C（Tangney，Wagner，Hansbarger，& Gramzow，1991）、适用于青少年的 ARI-A（Tangney，Wagner，Gavlas，& Gramzow，199la）以及适用于成年人的 ARI（Tangney，Wagner，Marschall，& Gramzow，1991）。

ARI 是一种有情节的自我报告测验，答卷者会面临一系列普遍的，但与他们的发展水平相适应的情境，这些情境均可能引起愤怒。问卷要求他们想象自己在这种情境中，然后在 5 点里克特量表上对下列问题进行评分：（a）在这个情境下，他们会有多愤怒（测量愤怒唤醒）；（b）他们的意图——在这种情况下他们想干些什么，并不是他们实际上会干什么（测量建设性，恶意的以及莽撞的意图）；（c）他们可能的行为和认知反应（包括诸如攻击之类的不当行为以及诸如非敌意性对话，逃避—分心反应和认知重评）；（d）他们对可能会有的长期效应（对他们自己，攻击目标和关系等）的评估。

ARIs 的信度与效度有几个独立的研究提供佐证（Tangney et al.，1996），其内部一致性系数和重测信度的数据显示，ARIs 相当可靠。平均内部一致性系数情况如下：儿童版为 0.76，青少年版为 0.80，成人版大学生被试为 0.70，而成人被试为 0.80。重测信度的数据来自大学生被试，间隔时间为 3—6 个星期，数值为 0.72。ARIs 构想效度的证据，包括：（a）自我报告的敌意、攻击与愤怒管理策略与 ARI 成人版之间的相关；（b）教师报告的行为与情绪调节，包括攻击，犯罪行为，社会问题以及焦虑—抑郁与 ARI 儿童版和青少年版之间的相关；（c）自我报告和家庭成员报告的在具体愤怒场景下的反应行为与

ARI 成人版和青少年版之间的相关。另外，Tangney, Borenstein 和 Barlow（1995）也发现了 ARI 维度在不同年龄阶段的平均数差异，与理论设想一致；同时还发现了不同年龄阶段的被试，其 ARI 维度之间具有不同的相关模式，这也与理论设想相一致。这些证据均显示，ARI 是一个有效且可靠的研究工具。

3 特质愤怒

每个人都会经历愤怒体验，但不同的人在愤怒体验的频率、强度和持续时间上并不一样，受愤怒情绪影响的程度也不一样。与愤怒有关的这些个体差异能够预测人们在社会关系、心理病理以及身体健康等各个方面的适应不良（Smith, Glazer, Ruiz, & Gallo, 2004）。因此，特质愤怒自然就成为一个长盛不衰的研究主题（Deffenbacher, 1992; Spielberger, 1988）。高水平的特质愤怒（high levels of trait anger）者愤怒体验更频繁，或者愤怒强度更剧烈，或者愤怒的持续时间更长，或者兼而有之。他们更可能遭遇与愤怒有关的问题。可以说，特质愤怒是怒型人格构念中最具代表性的一个。

3.1 特质愤怒

愤怒是一种即时的状态，不同的人体验愤怒的频率、强度和持续时间并不一样。有的人动不动就发火，有人则很少发脾气。所以，从人格特质的角度来看待愤怒是有一定道理的。Spielberg（1988）区分了状态愤怒（state anger）和特质愤怒（trait anger）。他认为状态愤怒是"一种即时的主观体验，由轻微愠怒至激烈的暴怒皆属这种情绪"。状态愤怒一般伴随着诸如出汗和心率加速之类的自主神经系统激活现象，会出现认知上的扭曲和失灵。而且，导致愤怒形成和强化的因素往往都具有社会意义（Kassinove & Sukhodolsky, 1995），即总会涉及人和人之间的关系。成年人几乎每天都会经历愤怒体验（Averill, 1982, 1983; Kassinove, Sukhodolsky, Tystsarev, & Solovyova,

1997），可见这种情绪的重要意义。

特质愤怒则指一个人体验愤怒的倾向性，这种倾向具有跨情景的稳定性，涉及在状态愤怒的发生频率，持续时间以及强度等方面的个体差异（Deffenbacher，1992；Spielberger，1988）。也就是说，特质愤怒水平高的人可能表现为经常出现愤怒情绪，或者一旦愤怒起来就会持续很久，或者愤怒的强度很高，或者三者兼而有之。这样的人在各种场合都比别的人要更容易愤怒。可以将特质愤怒看作一种禀性，特点为"怒点"较低，许多诸如"银行出纳动作慢"、"快递没按时到"以及"公交车又堵上了"之类并不具有"激惹"性的刺激都能引起这种人的愤怒。也可以将其看成是一种针对特定种类刺激（如竞争，拒绝和感到被不公正地对待）的反应模式。两种看法如何取舍要看引起愤怒的刺激是什么（Kassinove，Roth，Owens，& Fuller，2002）。但不管怎么看，特质愤怒都是一种稳定的人格维度。

特质愤怒与特质攻击具有"剪不断理还乱"的联系，但两者之间具有本质性的区别。愤怒是一种内部体验，这种体验往往伴随着伤害他人的动机，而攻击则指伤害他人的实际行为。这种意义上的区别也适用于特质水平。例如，成人样本的人格研究文献表明，特质愤怒与特质攻击是两个高度相关但彼此分离的因素（e.g., Buss & Perry，1992；Costa，McCrae，& Dembroski，1989；Martin，Watson，& Wan，2000）。值得一提的是，这里所提到的与特质愤怒高度相关的攻击，不论在状态水平上，还是在特质水平上，都是指反应性攻击，而不是工具性攻击（Dodge & Coie，1987）。出于愤怒而攻击，这属于反应性攻击。不是出于愤怒，而是为了达到别的目的而攻击，则属于工具性攻击。

尽管特质愤怒与特质性的反应性攻击是两个不同的构念，但目前的心理测量学研究还无法澄清这两个构念的评估工具之间的微妙差异（Wilkowski & Robinson，2008a）。实际上，两者的相似性比差异性更明显。例如，有的特质愤怒量表中有描述反应性攻击的项目（例如，"当我发火时，我会出言不逊"，Spielberger，1988），而反应性攻击量表中也有描述愤怒的项目

（例如，"这孩子对事故的愤怒反应有些过头"，Dodge & Coie，1987）。特质愤怒对反应性攻击的预测作用非常稳（Bettencourt，Talley，Benjamin，& Valentine，2006），而特质性的反应性攻击也能预测愤怒情绪反应的各种指标（Hubbard，Smithmyer，Ramsden，Parker，Flanagan，Dearing，Relyea，& Simons，2002）。很显然，研究者们还无法对两者做出比较完美的区分。

3.2　状态 – 特质愤怒表达量表

特质愤怒的评估工具不止一种。不同的研究者使用不同的测量工具来评估在特质愤怒水平上的个体差异。在人格与社会心理学领域用来测量这个特质的工具大致包括以下几种：Spielberger（1988）编制的状态 – 特质愤怒表达量表（State–Trait Anger Expression Inventory，STAXI），Buss 等人（1992）编制的攻击量表（Aggression Questionnaire）以及几个用来测量类似变量——特质性易怒（trait irritability）的量表（Caprara，1983）。尽管这些量表测量的对象在理论上属于不太一样的构念，但心理测量学方面的探索显示被试在这几种量表上的得分高度相关，因此三者可能探测到的是同一种内部心理结构（Martin et al.，2000）。这意味着，在一种特质愤怒量表上得到的结果有很大可能在另一种特质愤怒量表上得到重复（Wilkowski，Robinson，Gordon，& Troop–Gordon，2007）。

状态 – 特质愤怒表达量表（state–trait anger express inventory，STAXI）。STAXI 是一个较为全面的评估与愤怒有关的心理现象的工具。它有 44 个项目，采用 4 点计分，要被试回答，现在感觉如何，通常是怎么感觉的，以及当感到愤怒时你的反应是怎样的。它包括 5 个量表和 2 个分量表（Spielberger，1988；Spielberger & Sydeman，1994）。这些项目涉及情绪状态的剧烈程度（状态愤怒）和个体体验愤怒情绪的频率（特质愤怒）（Spielberger，Jacobs，Russell，& Crane，1983），还包括有关愤怒表达三个层面的体验频率（Spielberger，Krasner，& Solomon，1988），这三个层面分别为：（a）愤怒向外表达，冲着环境中的其他人或目标；（b）体验到愤怒，但藏在心里（压抑住）；（c）个体试图控制愤怒情绪的频率。愤怒体验的剧烈程度（一般是指当下的体验或某一指定时间点的体验）由 STAXI 中的状态愤怒（state anger，S-anger）量表来测量。在愤怒体验倾向上的个体差异由其中的特质愤怒（trait anger，T-anger）量表来测量。而 STAXI 中的愤怒向外（anger/out）、愤怒向内（anger/in）和愤怒控制（anger/control）三个量表分别测量上述的三种愤怒表达层面（Spielberger et al.，1988；Spielberger & Sydeman，1994）。这样一来，STAXI可以提供 8 个分数：（1）状态愤怒，即被试在填答问卷的当下所体验到的愤怒程度；（2）特质愤怒，被试体验愤怒的倾向；（3）愤怒气质，特质愤怒的一个亚类，指的是一般情况下体验愤怒的倾向；（4）愤怒反应，也是特质愤怒的一个亚类，指的是受到指责和不公待遇时的愤怒反应；（5）anger/in，压抑愤怒的倾向；（6）anger/out，以某种形式的攻击表达愤怒的倾向，包括口头的攻击和身体上的攻击；（7）愤怒控制，测量被试试图控制其愤怒的程度或意向强度；（8）愤怒表达，将 anger/in 和 anger/out 的分数相加，然后减去 anger/control 的得分，所得分数即愤怒表达的得分。STAXI 最早常用于健康心理学和行为医学之类的研究领域，如探索愤怒与高血液或慢性疼痛之间的关系（Spielberger，1988），评估愤怒管理训练的成效（McKay，Rogers，& McKay，1989）等。随着这一工具的广泛使用，它的应用逐渐超出了上述研究领域的范围，例如 Barrat（1991）在论述用人格理论来预测攻击行为时就提到了 STAXI 的应用。

　　STAXI 量表的发展经历了两个阶段。在第一个阶段，全量表只有 20 个项目，两个维度，分别为 10 个项目的状态愤怒量表和 10 个项目的特质愤怒量表，经过结构分析，研究者证实了状态特质双维结构的合理性，于是就形成了所谓的状态 – 特质愤怒量表（State-Trait Anger Scale，STAS，Spielberger et al.，1983）。10 个项目的状态愤怒量表在一项以大学生和海军军人为被试的研究中得出的克伦巴赫 α 系数在 0.90 以上（Westberry，1980），显示出高水平的内部一致性信度（Spielberger，1988）。对于特质愤怒而言，因素分析的结果总是呈现两个相关联的因子（Spielberger，1988； Spielberger et al.，1983）：愤怒气质（Angry-Temperament，T-Anger/T）和愤怒反应（Angry-Reaction，T-Anger/R）。愤怒气质分量表反映了在体验愤怒情绪倾向上的个体差异，而愤怒反应分量表则反映个体在受到不公正的对待后体验愤怒情绪的频率（Spielberger et al.，1988）。特质愤怒量表和 T-Anger/T 分量表的克伦巴赫 α 系数在 0.82 和 0.89 之间，而 T-Anger/R 分量表则只有 0.70，尽管如此，对于只有 4 个项目的量表而言，这种水平的内部一致性已经足够了。

STAXI 量表发展的第二个阶段，研究者发现似乎有必要区分愤怒体验和愤怒体验的表达（Spielberger et al.，1985），于是就产生了 24 个项目的愤怒表达量表（Anger Expression Scale，AX-Scale）（Spielberger et al.，1988）。对 AX 量表的结构分析总能得出 3 个因子，Anger/Out，Anger/In 和 Anger/Control，每个因子 8 个项目，都在该因子上有着高负荷。进一步的研究把状态-特质愤怒量表和愤怒表达量表结合起来进行结构分析，发现依然能够得到清晰分明，合乎理论的结构，于是就将两者整合，形成了 STAXI（Spielberger，1988；Forgays，Forgays，& Spielberger，1996）。

愤怒本质上是一个多维度构念，STAXI 主要测量它的三个方面，情绪（emotion）、特质（hostility）和愤怒表达方式（aggressive），这三个方面的英文首字母合起来为 AHA，因此研究者将该量表所测的内容称为"AHA！综合征"。为什么要把愤怒体验与愤怒表达方式区分开来？因为研究者通过实证研究发现，愤怒的不同成分与心脏病的关系可能不太一样，比如，其情绪成分（anger）与特质成分（hostility）。例如，Lawler 等人（1993）在心血管反应的研究中发现，相对于敌意程度低的人而言，敌意程度高的被试在实验室设计的各种压力情景下均具有更高的静息收缩水平和更大的舒张反应。而另外的研究则发现，不论愤怒表达方式是怎样的，愤怒体验才是有害健康的关键因素（Ironson et al.，1992）。

有时候愤怒与心脏病的关系在不同性别中也不一样。例如，在著名的 Framingham 心脏研究中，anger/in 对中年妇女而言，是与心血管问题加剧有关的危险因素，但在中年男性中似乎不具备这种风险（Haynes, Feinleib, & Kannel, 1985）。在一个实验室研究中，Anderson 和 Lawler（1995）也发现对于回想起愤怒场景的女性而言，anger/in 与较高的血压呈显著的正相关。相反地，Burns 和 Katkin（1995）报告说，在社会激惹情形中表达愤怒的男性，其心血管反应会增加，但这种关系在女性中并不存在。社会心理学家和发展心理学家们认为，愤怒体验和表达对男性和女性而言有着不同的社会代价和好处（Carli, 1990; Condry & Ross, 1985; Lightdale & Prentice, 1994）。对于男性而言，表达愤怒是可以接受的，而女性则从学前教育开始就被劝阻，不要表达愤怒情绪（Kuebli & Fivush, 1992; Perry, Perry, & Weiss, 1989）。表达愤怒的女孩或女性会遭遇社会拒绝，因为这样与传统的社会刻板影响不相符合（Forgays, 1996; Mills & Rubin, 1992; Wiley & Eskilson, 1982）。在这种情况下，女性在评估描述愤怒、敌意和攻击等现象的项目时可能会有不一样的反应。

状态－特质愤怒量表（STAS）和愤怒表达量表（AX）这两部分量表都经历了相同的项目筛选程序，即以理论为导向选取项目。纵观 STAXI 的发展历程，每一个分量表的编制都要进行结构分析，但直到 1991 年，针对 STAXI 整体的结构分析才正式有人开展。Fuqua 和同事们（1991）以某中部大学的 455 名本科生为被试，采用主轴分析法，抽取出了 7 个因子。这 7 个因子分别为：状态愤怒、愤怒控制、愤怒外投、愤怒内投、特质愤怒气质、特质愤怒反应以及一个额外的因子。可见，这个探索性因素分析的结果与 STAXI 的 6 个量表与分量表有一一对应的成分，基本证实了原始的结构构想。但是，这次因子分析没有发现特质愤怒气质与特质愤怒反应作为一个完整的特质愤怒维度的证据，这与原来的设想有些出入。另外，第七个因子，姑且命名为"想表达愤怒（Feel like expressing anger）"（包含 3 个项目，分别为"想把东西打碎"、"想拍桌子"和"想找个人来打一顿"），本来应该负载在状态愤怒维度上的，在这次因子分析中却独立出来成为一个维度。这三个项目所描述的状态可以看成是愤怒体验与攻击行为之间的调节变量，这种状态说明个体承认自己有愤怒情绪，而且想通过攻击的方式表达出来，但还没有诉诸行动。

Fuqua 等人的因子分析还存在一个遗憾，就是他们把男女被试的数据合起来分析，这样就发现不了 STAXI 结构上可能存在的性别差异。在 Forgay 等人（1999）随后的研究中，采用 700 名大学生被试重复了 Fuqua 等人的研究，只是这一次他们把男性和女性被试的数据分开来处理，这样就可以比较可能存在的个体差异。与 Fuqua 等人（1991）的发现相一致，这次的因子分析也得出了特质愤怒气质与特质愤怒反应两个维度，而不是一个完整的特质愤怒维度。这次发现的第七个因子所包含的项目与上一个研究完全一致，但只出现在了女性被试中。这一现象说明，状态愤怒可能确实是一个多维度的构念。于是研究者把状态愤怒的 10 个项目拿出来单独进行因子分析，也把男性被试和女性被试的数据分开处理，发现不管是男性被试还是女性被试，都得出了两个不同的因子：第一个因子包括愤怒情绪和作为紧张释放的愤怒表达，第二个因子则是那个不断出现的"想表达愤怒"的因子，即想通过攻击来表达愤怒的意图。这些结果说明似乎应该把状态愤怒中的情绪体验和攻击冲动区分为两个维度。

Forgays 等人（1998）在上述研究的基础上继续跟进，以 1300 名中年男女为被试，对男性和女性的数据分开处理以利于比较，并同时采用探索性因子分析和验证性因子分析两种方法来对 STAXI 进行结构分析。这次结构分析发现不仅是探索性因子分析，在验证性因子分析中 7 因子模型也远远优于 6 因子模型。到此时为止，第七个因子"想表达愤怒"因子已经在以青年女性、中年男性和女性为被试的结构分析中反复出现，这说明这个维度可能是愤怒情绪体验的一个重要补充成分，它带一点认知的意味，是愤怒情绪和攻击行为的调节变量。为何这一维度唯独不存在于青年男性之中？研究者认为，这可能是因为青年男性不如中年男性成熟，中年男性更加能够分清愤怒情绪和攻击的欲望，这得益于他们在生活的磨砺中获得的经验。而青年女性和中年女性之所以都能分清两者，是因为她们都能清楚地意识到由愤怒引起的行为的后果，特别是针对女性的后果。交叉效度验证的结果也证明七因子的结构既适用于男性，也适用于女性。但男性和女性还是稍有差别。这种差异首先体现在体验愤怒情绪的程度上，较男性而言，女性更少愿意将自己描述为愤怒；其次体现在愤怒体验与通过攻击来表达愤怒的意向上，较女性而言，男性中愤怒体验与攻击意愿的关系更加强一些。这些性别差异同样可以用上述针对女性的愤怒体验和表达的性别差异来解释。这个研究中验证性因子分析的结果也有不太如人意的地方，虽然 7 因子结构的拟合度指数均显著高于 6 因子结构，但都未达到 0.90 的标准（Bentler，1989）。这说明还需要通过对项目进行修订来改进。

3.3 特质愤怒的 ABC 模型

也有研究者认为愤怒主要包括三个成分：愤怒、敌意和攻击行为。Martin 等人（2000）由此提出了特质愤怒的 ABC 模型，A 即愤怒情绪（Angry affect），指的是发生于个体内部，从愠怒到暴怒等激烈程度不同的情绪体验；B 为行为攻击（Behavioral aggression），指的是攻击行为，它可能由愤怒引起，也可能由其他因素引起；C 为敌意认知或愤世嫉俗（Cynical Cognition），指的是对世界或他人所持的一种负面的态度或信念，它指向外部，是特质愤怒中体现个体与外界关系的层面。这三者分别代表着特质愤怒的情绪方面、行为方面和认知方面，它们相互关联，但又各自不同。不是每一个愤怒的人会大喊大叫或诉诸攻击（有情绪无行为），同样，一个人可以抱有敌意的想法但并不感到愤怒（有认知无情绪）。

为了验证特质愤怒的这种结构，研究者招募了 459 名大学生被试（其中 242 名女性，58%），向其施测 Cook 与 Medley 的敌意量表、Buss 和 Durkee 的敌意量表、攻击问卷、愤怒自我报告量表、多维度愤怒量表、特质愤怒量表、愤怒表达量表、NEO PI-R 愤怒敌意、信任和服从量表、PANAS-X 敌意量表以及 SNAP 攻击和不信任量表等量表，采用探索性因子分析，得出了一个双因子结构和一个三因子结构（ABC 模型），随后的验证性因子分析，证实了三因子结构对双因子结构的优势，从而为 ABC 模型提供了支持性证据。他们还考察了得出的这三个因子与"大五"的相关，结果发现三者与这些广泛性人格维度的关联模式也各自不同：愤怒情绪与神经质有较高的相关（r=.58），攻击行为与低宜人性具有较高的关联（r=-.58），敌意认知同时与神经质（r=.37）和宜人性（r =-.41）具有较高相关。敌意认知（愤世嫉俗）、愤怒体验、神经质和宜人性之间的相关模式对健康心理学家有较大的启示意义。在神经质维度上得分高的人常常抱怨身体有恙，但在发病率和死亡率上跟其他人却并没有什么区别（Costa & McCrae, 1987; Watson & Pennebaker, 1989）。因此，研究者在考察敌意对心血管和其他身体疾病的影响时，应该分别对待敌意中与神经质相关的成分和与低宜人性相关的成分。最后，研究者用 T 检验分析三个因子上的个体差异，发现男性（M=0.45，SD=0.85）在攻击行为上显著高于女性（M=-0.40，SD=0.88，t（455）=10.47，p<0.001）。而在愤怒体验方面则恰恰相反，女性（M=0.17，SD=0.85）要显著高于男性（M=-0.19，SD=0.95，t（455）=-4.25，p<0.001），在敌意认知方面，男性（M=0.01，SD=0.97）和女性（M=-0.01，SD=0.95）没有显著性差异。

这些结果说明，特质愤怒的不同方面具有不同的表现和后果，因此可以预测不同种类的结果变量（如健康状况），也会对不同的干预和临床措施有回应。考虑到生理过程总是被用来作为特质愤怒与健康和行为结果之间关系的潜在机制，那么特质愤怒的不同方面自然也可能对应着不同的生理机制，进而导致不同的身体和行为效应。

可以看出，Martin 等人（2000）所谓的特质愤怒包括 STAXI 中 10 个项目的特质愤怒，但是它所涉及的含义要更加广泛，包含了 1950 年以来的各种与愤怒和攻击有关的构念，其中包括：

（1）Cook 与 Medley 的敌意量表（Hostility Scale, Cook & Medley, 1954）有 50 个项目，两点记分（对 / 错），最后计算总分。这个量表的内部一致性不太令人满意。Martin 等人（2000）采用探索性因子分析发现 50 个项目可以析出两个因子，分别为 Antagonism 和 Alienation。虽然两个因子的内部一致性指标依然不尽如人意，但比起总量表而言已经提高了很多。

（2）Buss 和 Durkee 的敌意量表（BDHI，Buss & Durkee，1957）有 75 个项目，也是两点记分（对 / 错），其中有 66 个项目用来评估敌意的各个方面（剩下的 9 个项目测量内疚感）。BHDI 通常算总分，但实际上它有 6 个维度或分量表。不论是 BHDI 的总量表还是分量表，其内部一致性信度都不太好，在 Martin 等人（2000）的探索性因子分析中，66 个 BHDI 项目得出了 3 个因子：身体攻击、愤世嫉俗 – 不信任和愤怒反应。

（3）攻击问卷（AQ，Buss & Perry，1992）由 29 个项目构成，采用 5 点里克特记分，记分范围从 1（极不符合我的特征）到 5（极为符合我的特征）。攻击问卷包括 4 个量表，分别为：身体攻击（9 个项目）、语言攻击（5 个项目）、愤怒（7 个项目）和敌意（8 个项目）。身体攻击和语言攻击顾名思义分别是指利用身体和语言实施的攻击行为。而愤怒和敌意的区别在哪里呢？愤怒量表主要描述愤怒的情绪体验（例如，"我有时候感觉自己像吃了火药，一触即发。"），而敌意量表则主要与愤世嫉俗 – 不信任的人际态度有关（例如，"我对过度热情的陌生人心存怀疑"）。

（4）愤怒自我报告量表（Anger Self-Report，ASR，Zelin，Adler，& Myerson，1972）包含 64 个项目，采用 6 点里克特量表记分，记分范围从 - 3（强烈不同意）到 +3（强烈同意）。Martin 等人（2000）指出，该量表的记分说明有矛盾点，因此评分时很难确保无纰漏。同时，他们对这一量表进行了探索性因子分析来确定其结构，发现该量表有 4 个因子，分别为愤怒表达、愤世嫉俗、神经质和愤怒评价。注意，其中的神经质量表得分越高，说明神经质程度越高；同时，愤怒评价量表上的得分越高，说明对愤怒有更积极的评价。

（5）多维度愤怒量表（Multidimensional Anger Inventory，MAI，Siegel，1986）包含 38 个项目，采用 5 点里克特量表记分，记分范围从 1（完全不像我）到 5（完全像我）。Siegel（1986）把其中的 25 个项目得分相加便得到一个 MAI 总分，同时，该量表也通过因子分析得出 5 个分量表，包括愤怒唤醒、情景范围、敌意观点、愤怒内投和愤怒外投。在 Martin 等人（2000）的研究中，这 5 个分量表中有 3 个内部一致性系数小于 0.70，另外，有两个分量表显示出项目内容上的冗余，而且有几个分量表之间的相关很大（如愤怒内投与愤怒唤醒之间的相关为 0.66，敌意观点和情景范围之间的相关为 0.67）。因此，他们重新筛选了项目，得到一个包含 22 个项目的单维的 MAI 量表总分。

（6）NEO PI-R 愤怒敌意、信任和服从量表从 NEO PI-R（Costa & McCrae，1992）中抽取，每个量表包含 8 个项目，项目均采用 5 点记分，记分范围从 1（strongly agree）到 5（strongly disagree）。愤怒敌意量表是神经质领域的一个侧面，可以用来评估愤怒体验。信任量表评估对他们的态度，其反面是认为人皆虚伪不可信。服从量表测量在冲突中的攻击行为反应。信任和服从量表均是宜人性领域的侧面，因此敌意性反应体现为低分。

（7）PANAS-X 敌意量表（Watson & Clark，1994）包括 6 个诸如愤怒和易怒之类的评估愤怒型情绪的词。被试要在 5 点量表上评估这些词在多大程度上准确描述了他自己通常的情绪体验，记分范围从 1（一点儿也不准确）到 5（极为准确）。

（8）SNAP 攻击和不信任量表，攻击量表（20 个项目）和不信任量表（19 个项目）都取自于 SNAP（Clark，1993）。前者评估攻击行为和愤怒情绪，后者评估负面的人体态度。这两个量表都采用两点记分（对 / 错），最后计算总分。

4　特质愤怒与威胁信息偏好

愤怒是一种可能会对威胁高度敏感的情绪。Beck（1976）曾经说过，被伤害的威胁导致焦虑，而被激惹或被不公正地对待的威胁会引起愤怒。某个情形是伤害性的还是激惹性的取决于当事人对它的解释。有些人更可能做第二种解释，并产生愤怒情绪。也就是说，对威胁性信息的不同解释会产生不同的情绪。如果认为信息是伤害性的，个体会产生焦虑情绪；而如果认为信息是激惹性的，个体就会产生愤怒情绪。反过来说，焦虑和愤怒情绪也会影响人对威胁性信息的反应。情绪的认知理论（Beck，1976；Bower，1981；Williams，Watts，MacLeod & Mathews，1997）认为焦虑导致对威胁性线索或刺激的选择性注意。这种对威胁的注意偏好被认为是理解焦虑症形成和持续原因的关键因素（Williams，MacLeod & Mathews，1996）。捕捉这种注意偏好最成功的实验范式是情绪词 Stroop 任务。在这种任务中，被试需要命名词的颜色而忽略词本身的含义，有些词的含义是威胁性的，有些词的含义是中性的。如果命名威胁性词所需要的反应时比命名中性词所需反应时要长，那就说明被试存在对威胁性线索的注意偏好。大量的研究证实，焦虑的个体存在这样的偏好（Williams et al.，1996）。

情绪词的 Stroop 效应在掩蔽的状态下也可以显示出来。在掩蔽任务中，显示在屏幕上的目标词仅短暂出现就立即被同样颜色的掩蔽物所遮挡，因此无法得到有意识的识别。在以临床焦虑症患者和在焦虑水平上高于平均水平的正常人为被试的研究中已经发现了对掩蔽性威胁词的注意偏好（e.g. Mogg，Bradley，Williams & Mathews，1993；Van den Hout，Tenney，Huygens & De Jong，1997；Van den Hout，Tenney，Huygens，Merckelbach & Kindt，1995）。有意思的是，在高焦虑水平的正常人中，这种注意偏好在掩蔽范式中存在，在非掩蔽范式中却发现不了（MacLeod & Hagen，1992；MacLeod & Rutherford，1992；Mogg，Kentish & Bradley，1993）。有研究认为，非掩蔽范式中存在有意识的情绪控制策略，修正了这种偏好造成的效应，而掩蔽范式中对词的加工都是无意识的，无法修正对威胁词的注意偏好，所以这两种范式的效应出现了分离现象（Mathews & McLeod，1994）。但这种分离现象在以临床的焦虑症患者为被试的实验中没有出现，这说明即使在非掩蔽范式这种可以对威胁词进行有意识加工的情况下，焦虑症患者也不能控制这种注意偏好，这对于理解焦虑症的病理基础有着重要的启示意义（Williams et al.，1996；Amir，McNally，Riemann，Burns，Lorenz & Mullen，1996）。

但有关对消极效价材料的选择性加工的研究主要集中在焦虑和抑郁等主题上（Williams et al.，1997）。而如前所述，愤怒也可能决定个体对威胁性刺激的反应。焦虑可以是一种人格特质，愤怒也一样（Spielberger，1988；Spielberger，Jacobs，Russell & Crane，1983）。Eckhardt 和 Cohen（1997）采用情绪词的 Stroop 任务的一个变式就发现具有高水平特质愤怒的被欺负个体偏好注意威胁性词。Van Honk 等人（2001）延续这种思路，提出了这样的假设，即相对于具有低水平特质愤怒的个体，具有高水平特质愤怒的个体在掩蔽情绪词的 Stroop 任务中会显示出对威胁性词语的选择性注意。在非掩蔽情绪词的任务中，这种效应不会出现。

为了验证这个假设，研究者招募了 400 个学生被试，让他们完成特质愤怒量表和特质焦虑量表。然后根据量表分数选出 32 个人（男性 14 人，女性 18 人）参加实验，其中 16 个（男女比例 9∶8）在特质愤怒量表上得分超过 20，为高分组；另 16 个（男女比例 9∶6）在特质愤怒量表上得分低于 15，为低分组。

情绪词 Stroop 任务中的刺激词包括 10 个中性词和 10 个威胁词，中性词全都是一个类别的。而且，不论是中性词，还是威胁词都在词长和词频上做了匹配（Uit den Boogert，1975）。每个词都要用 4 种颜色（红、绿、蓝、黄）来呈现，因此一共有 80 个刺激呈现。刺激词以黑色背景的幻灯片呈现，屏幕中心与眼睛同高，离被试 110 厘米远。呈现在屏幕上的词高约 5 厘米，宽约 18 厘米。在非掩蔽范式下，目标词出现后 750 毫秒会在同一位置出现一个注视点（一般为十字形）。而在掩蔽模式下，目标词出现后，跟随的是一个颜色与目标词一样的字母串。麦克风放置在被试面前，一旦他开始发声，电脑就会记录其反应时，同时目标词或掩蔽词就会中止呈现。40 个中性词和 40 个威胁词是以随机的顺序呈现的，而掩蔽试验组和非掩蔽试验组是整块呈现的，其呈现顺序在被试之间做了平衡。

研究结果发现特质愤怒水平高的被试命名威胁词比命名中性词要慢，而特质愤怒水平低的被试命名威胁词比命名中性词要快。这种结果只能在一定程度上说明特质愤怒水平与对威胁刺激的注意偏好有关系，但是没有为两者的关系提供直接的证据。而在另一个研究中（Van Honk，Tui-ten，Van den

Hout, De Haan & Stam, 2001），研究者以图片为目标刺激来实施情绪 Stroop 任务，发现了高水平特质愤怒的个体对愤怒面孔的注意偏好。这说明，刺激材料的形式对能否捕捉到这种偏好可能有着一定的影响。有证据显示，有愤怒体验时，个体的语言加工层次不深。愤怒的人一般不怎么沉湎，他们更多地注意外在行为而不是内心想法（Beerenbaum, Fujita & Pfennig, 1995）。焦虑的个体则相反，他们有更多的内在语言加工。这可以帮助解释为什么在词语刺激中无法引起高特质愤怒个体的注意偏好，而面孔刺激中就能够发现这种效应。

5　愤怒沉湎

　　Deffenbacher（1999）认为愤怒可以被外部因素触发，也可能被内部因素触发。外部因素一般就是堵车，争吵等外部事件，而内部因素就主要指对惹人生气情景的回忆和沉思，比如想起前几天的一次吵架事件。认知评价也是愤怒体验的重要诱因，如果你把一件事情评价为不公平的、有意的、用心不良的，自然会感到愤怒（Kassinove & Sukhodolsky, 1995）。愤怒的触发与体验与愤怒沉湎的过程是纠缠在一起的，体验之后会沉湎，而沉湎则会维持和加剧这些体验。而沉湎现象不像愤怒体验这样有着显而易见的负面后果。即便如此，也有研究发现这种现象是可能造成个体不幸福（McIntosh & Martin, 1992）、抑郁（Beck, 1982）和解决问题的能力受损（Carver, Scheiver & Weintraub, 1989）的因素之一。很显然，不断地在头脑中重现愤怒的场景对个体的生活品质产生负面的影响。

　　愤怒沉湎是所有有关愤怒的现象中比较独特的一种，如果把愤怒当成是一种情绪，那么愤怒沉湎就是有关这种情绪的念头。愤怒沉湎这一概念的建构既有社会建构主义者的理论基础（Averill, 1983），也有因素分析结果的支持（Spielberger, 1988）。在一次有 2682 名被试参与的大型研究中，研究者对 MAI（Siegel, 1986）、情绪表达量表（Spielberger et al., 1985）、Cook

与 Medley 的敌意量表（Cook & Medley，1954）中的项目以及 A 型行为量表中的 4 个评估敌意的项目进行了探索性的因子分析，得到了 8 个因子（Miller，Jenkins，Kaplan & Salonen，1995）。这 8 个因子分别是：敌意愤怒表达、愤怒表达的自控感、怒气的平息、愤怒的频率、沉湎（brooding）、敌意想法、愤世嫉俗和愠怒。其中有两个因子与愤怒沉湎相似，其中之一就是沉湎因子，该因子有 4 个项目，其中有 2 个评估愤怒的持续，另外 2 个评估无法忘记愤怒的倾向。这是第一次发现愤怒沉湎的多维性。另一个与愤怒沉湎相似的因子是 4 个项目的愠怒因子，这 4 个项目来自情绪表达量表中的愤怒内投因子。愤怒沉湎很容易与 STAXI 中的愤怒内投混淆，但两者是不同的。愤怒内投是把愤怒情绪压抑住，不让它表达出来。而愤怒沉湎是愤怒情绪被压抑之后发生的，我们可以把愤怒内投视作情绪活动，而把愤怒沉湎视作认知活动。而这个因子分析的结果中，沉湎和愠怒作为两个分离的因子出现也说明沉湎和愤怒压抑是两种相关但不同的现象。

Martin 和 Tesser（1996）把沉湎想法（ruminative thoughts）定义为围绕某一主题的有意识的想法在没有要求的情况下反复重现的现象。他们认为，当个体当前的进展与目标有差距的时候，就会触发沉湎。反事实思维（countfactual thinking）则与之不同，它是一种事后诸葛亮式的反思，是对某件事情的另外选项的追思，常常表现为"要是我那么做，就不会这样了"或是"要是我那么做就好了"（Roese，1997；Roese & Olson，1995）。在愤怒沉湎的概念建构中，也包括针对愤怒情景的这类认知。比如，"要是我当时道歉了，就不会发生后来的争吵"或者"要是我当时还口了，现在就不会这么堵心"等。反事实思维不一定是无意识反复出现的，这是它和沉湎想法的主要区别。在已有的研究中也发现，这两种认知倾向与消极情绪之间均有关联，但关系模式是不同的，这一结果证实了这两种认知倾向的独立性（Kasimatis & Wells，1995）。

Martin 和 Tesser（1996）还把沉湎区分为积极沉湎和消极沉湎，如果一个人正在带着期望默想目标的达成，这种沉湎是积极沉湎；而一个人正在默默地悔恨没能达成的目标，那这种沉湎是消极沉湎。Trapnell 和 Campbell（1999）则区分了沉湎型的内部关注和反思型（reflective）的内部关注，前者与心理悲痛和负面的自我认知相关联，而后者与学术兴趣和精确的自我认知相关联。这两种内部认知活动是相对独立的，沉湎型的内部关注与大五人格中的神经质有关，而反思型的内部关注则与其中的开放性有关。Trapnell 对反思型内部关注的认识与人际智力（Gardner，1983）和情绪智力（Salovey & Mayer，1990）这两个概念有共通的地方，即三者都代表情绪调节的适应性机制（Gross，1998）。Nolen-Hoeksema（1996）则提出要把沉湎和问题解决区分开来。她觉得沉湎无助于目标的达成，沉湎中紊乱的思绪会干扰个体解决人际问题的努力，反而会加剧烦躁情绪；而那种反复出现的有助于目标达成的思维过程，实际上属于问题解决的过程之一。

有关愤怒的测量工具已非常丰富。1996 年就有人统计出 63 个已经公开出版的量表（Miller，Smith，Turner，Guijarro，& Hallet，1996）。但这些量表中忽略了愤怒体验的持续现象。MAI 中虽然有评估愤怒持续的项目，但只有两个，而且与愤怒体验的频率和剧烈程度从属于同一个愤怒唤醒因子（Siegel，1986）。愤怒沉湎这一概念认为对愤怒情景的认知活动的持续与愤怒体验相伴随的生理唤醒的持续是不一样的。在愤怒体验被初次唤醒之后，个体的内部注意和思想会持续地集中于愤怒场景，或者间歇性地回到那个场景，这种沉湎体验可能会使个体无法从愤怒情绪中自拔，导致愤怒情绪的延续甚至加剧，进而可能导致更严重的后果。沉湎会加剧负面的情绪，有很多实证研究的结论与这种看法能够相互印证。比如，临床上很多心理问题都包含高度的自我内部关注这一症状（Ingram，1990）；沉湎的反应风格与加剧的抑郁、焦虑及各种其他负面情绪息息相关（Roberts，Gilboa & Gotlib，1998），愤怒诱导研究也发现，沉湎会加剧愤怒体验（Rusting & Nolen-Hoeksema，1998）。

基于上述的理论与实证的证据，愤怒沉湎被界定为一种与愤怒体验和表达相关的认知过程，这种过程并非个体有意发起，但是会反复出现。Sukhodolsky 等人（2001）根据这一界定编制了愤怒沉湎量表，该量表有 19 个项目，四个因子，分别为：愤怒回溯、愤怒记忆、报复性幻想和对原因的理解。愤怒回溯是指个体对最近发生的愤怒事件的不自主的回顾倾向，例如，一旦我发火了，就会堵在心里想一阵子。愤怒记忆是个体不自觉地回想起很久以前的愤怒情景并感到愤怒的倾向，例如，这一生中发生的某些事情时常让我觉得愤怒。报复性幻想是指个体在想象中策划和实施报复的倾向，例如，当和别人的冲突结束以后，我会长时间地幻想着报复他。对原因的理解是指个体思索愤怒事件发生原因的倾向，例如，我会思考别人对我不好的原因。愤怒沉湎量表具有较佳的信度。总量表在一个月间隔的重测信度为 0.77，克伦巴赫 α 系数为 0.93；四个分量表的克伦巴赫 α 系数分别为愤怒回溯（0.86），愤怒记忆（0.72），报复幻想（0.85）和事因理解（0.77）。同时，该量表也具有较好的会聚效度和区分效度，这体现在它与其他变量的相互关系上。愤怒沉湎与愤怒体验、愤怒表达和负性情绪具有中等程度的正相关。虽然这三个变量同时与愤怒沉湎有相关，但它们能够解释的与愤怒沉湎有关的变异却是不同的，这说明这三者对于理解愤怒沉湎都有着独特的贡献。另外，愤怒沉湎与情绪感知清晰度、情绪修补、主观幸福感，社会称许性以及情绪控制等变量的相关就非常小，这为愤怒沉湎量表的区分效度提供了丰富的证据。

6　愤怒与身体健康

在亚里士多德时代，人们就已经意识到了剧烈的消极情绪与身体健康之间的关系（Watson，1963）。大量的实证研究已经证实愤怒与类似于心脏病之类的不良健康状况的关系（Barefoot et al.，1991；Dembroski & Costa，1987）。

Friedman 和 Rosenman（1974）提出 A 型性格的概念，随后有人发现这是与心血管疾病相关的主要危险因素（Review Panel on Coronary-Prone Behavior，1981）。再后来，Dembroski 和 Costa（1987），Spielberger 和 London（1982），以及 Williams（1989）和他的同事（Barefoot，Dahlstrom，& Williams，1983；

Williams et al., 1988; Williams et al., 1980) 在大量实证材料的基础上提出这样的论断: 愤怒和敌意才是 A 型性格中与心脏病相关的最致命成分。

不仅如此, 高水平的特质愤怒者更加容易遭受身体健康方面的威胁。比方说, 高水平的特质愤怒者可能是各种人格因素中与心脏病关联性最大的一个 (Smith et al., 2004; Williams, Paton, Siegler, Eidenbrodt, Nieto, & Tyroler, 2000; Williams, Nieto, Sanford, Couper, & Tyroler, 2002)。另外, 高水平的特质愤怒者也更加容易沾染上各种有损健康的行为, 诸如抽烟 (Spielberger, Foreyt, Goodrick, & Reheiser, 1995)、酗酒 (Liebsohn, Oetting, & Deffenbacher, 1994; Litt, Cooney, & Morse, 2000) 以及不良的饮食习惯 (Anton & Miller, 2005) 等。

第二部分 怒型人格与攻击行为

高水平的特质愤怒意味着攻击行为更加可能发生，这一点已经在实验室里得到证实（Bettencourt et al.，2006）。在实验室外，有关特质愤怒与社会上的各种攻击行为之间的关系研究也在不断地为此提供新的证据。例如，特质愤怒与谋杀（Berkowitz，1993）、攻击性的驾驶行为（Deffenbacher, Lynch, Oetting, & Yingling，2001）、工作场合的攻击行为（Douglas & Martinko，2001）、家庭暴力（Barbour, Eckhardt, Davison, & Kassinove，1998）以及儿童虐待（Deffenbacher, Lynch, Oetting, & Yingling，2001）等社会问题的关系说明，高水平的特质愤怒的个体更加可能变成社会的不安定因素。

1 特质愤怒与性侵犯

早在 STAXI 问世之前，就有人用它的前身研究过性侵犯罪犯的愤怒与攻击（Kalichman，1991；Shealy, Kalichman, Henderson, Szymanowski, & McKay，1991）。研究者认为，性侵犯行为本身带有攻击和强制的意味，不管他们行为时是否意识到自己的愤怒情绪，这种行为显然是攻击性的。所以，研究者推断这些人不仅仅存在性行为上的问题，还存在愤怒管理和攻击行为控制方面的问题。Kalichman（1991）的研究使用状态 – 特质人格量表中的愤怒量表

（Spielberger et al., 1979）对州监狱里的男性成人性罪犯进行施测，发现对青春期前的儿童实施性侵犯的犯人在特质愤怒水平上要高于对成人实施侵犯的犯人。而 Shealy 等人（1991）的研究则将状态 – 特质愤怒量表（Spielberger et al., 1983）用于对儿童性侵犯者的功能鉴别分析。这两个研究均发现这些量表有助于鉴别性侵犯者的各种亚类。具体而言，通过了解这些犯人体验和应对愤怒和攻击冲动的方式，可以增加对个体犯人的评估效能。但也有研究者曾向 137 名不同类型的男性性侵犯者（主要是儿童性侵犯者）施测 STAXI，却发现这批人的得分与"正常"男性没有显著性的差异（Dalton, Blain, & Bezier, 1998），这样的结果说明以被害者特征来区分侵犯者的做法在这类研究中并不合适。

性侵犯与攻击似乎是同义词，但实际上在实施性侵犯的过程中使用攻击的程度和方式是多种多样的。例如，在 Marshall 和 Christie（1981）等人研究的 41 个在押变童犯中，有 70% 的人在实施侵犯时不是有口头上的威胁就是有身体上的攻击，有 28% 的人没有使用语言和身体攻击的迹象。而 Elliott, Browne 和 Kilcoyne（1995）在他们的一个包含 91 名变童犯的研究中发现，只有不到 15% 使用过明显的威胁（威胁不从便要打或实施其他能造成恶果的行为）。

Stermac, Hall 和 Henskens（1989）研究了 29 名亲属变童犯和 37 名非亲属变童犯，发现其中只有 26% 的人有过语言威胁，亲属变童犯的语言和身体恫吓要更多一些。Kaufman 等人（1998）也在自己的研究中发现家内侵犯者比家外侵犯者更可能使用威胁来让受害者服从。但也有研究者发现了相反的证据，如 Fischer 和 McDonald（1998）就报告说，家庭外的变童者更可能使用身体和语言上的暴力。虽然变童者常使用语言上的威胁来使受害者服从和保持沉默（Kaufman, et al., 1998），但研究证据也显示大部分针对儿童的性侵害并没有引起进一步的身体伤害（Kilpatrick, Resnick, Saunders, & Best, 1998）。

Stephen 等人（2000）分析了 110 名在押的成年性侵犯者的档案数据，试图检验特质愤怒与性侵犯者实施侵犯时所用攻击的水平与种类之间的关系。这些犯人被区分为家内娈童犯（n = 43），非家内娈童犯（n = 35）和强奸犯（n = 32）。研究结果发现，强奸犯在实施侵犯的过程中比娈童者（不论是家内娈童者还是非家内娈童者）更可能使用语言和身体攻击。但他们既没有更多的愤怒体验，也没有显示出更多的愤怒控制问题。也就是说，这三种犯人在特质愤怒水平上没有显著性差异。但是，特质愤怒与性侵犯过程中的语言攻击显著相关，却与身体攻击没有显著相关。具体而言，比起没有使用语言攻击的被试，使用死亡威胁的犯人具有更高水平的特质愤怒气质、愤怒反应以及向外表达愤怒的倾向，同时具有较低的愤怒控制水平。因此，他们在实施性侵犯时更可能被受害者的不配合行为所激怒。特质愤怒与身体攻击无相关，可能是因为身体攻击在实施强奸的过程中的作用主要是工具性的。这种结果说明针对语言攻击类犯人进行愤怒管理策略的干预是可能取得成效的，因为他们的攻击是表达性的，与愤怒体验相关联；而对于实施身体攻击的犯人，这类干预应该没有什么作用，因为他们的攻击主要是一种手段，并没有感情色彩。

强奸犯在实施侵犯的过程中比娈童者（不论是家内娈童者还是非家内娈童者）更可能使用语言和身体攻击（Stephen & Lynley，2000），这一结果与以前一个全美国范围的矫正调查中得到的结论一致，那个调查发现性侵犯中的成年人受害者受到的身体伤害的可能性（41%）比儿童受害者遭受这种伤害的可能性（19%）的两倍还多（Bureau of Justice Statistics，1996）。但也有研究发现，针对青少年和成人的强奸者比娈童者更可能对受害者使用语言上的威胁（Fehrenbach，Smith，Monastersky，& Diesher，1986）。女人更可能被熟人甚至是信任的人强奸（Koss，1998；Renner & Wackett，1987），但被陌生人强奸更可能遭到殴打并造成身体上的伤害（McCormick，Maric，Seto，& Barbaree，1998；Ruback & Ivie，1988）。

不同种类的性侵犯使用攻击的目的可能也不一样。攻击有两种，一种是工具性的攻击，另一种是表达性的攻击，导致这两种攻击的主观体验和外界环境都不一样（Browne & Howells，1996）。工具性攻击是利益驱动的，目的是获取收益，实施这种攻击时没有愤怒体验。而表达性攻击则伴随着愤怒体验，这种攻击的发生更可能是因为受到了语言和身体上的激惹（Dengerink，Schnedler & Covey，1978）。所以，性侵犯过程中的表达性攻击可能与愤怒有关，而工具性则不涉及愤怒。

在各种性侵犯干预计划中广泛使用的愤怒管理策略说明大家都有这样一个假设，即性侵犯者在愤怒体验和表达方面存在问题（Marshall & Eccles，1991；Sapp & Vaughn，1991）。在以受害者的特征（年龄，性别等）对侵犯者进行分类的特质愤怒研究中，结果很不一致。有的发现性侵犯者的特质愤怒水平与受害者的年龄呈反比，即选择未成年人进行性侵犯的性侵犯者在特质愤怒水平上要显著高于以成年人为对象的性侵犯者（Kalichman，1991），而 Hudson 和 Ward（1997）的研究则发现了相反的结果，即以成人为对象的强奸犯在特质愤怒水平上显著高于以儿童为对象的变童者。

2 驾车愤怒

现在中国私家车越来越普遍，但随之而来的问题也越来越多。在城市的马路上，几乎每一辆车都装满了抱怨，每一个司机都有一肚子牢骚，怒气冲冲的样子，稍有不满就脏话乱飙，狂按喇叭，甚至做出危险的驾车行为以发泄愤怒。这种现象的危害性显而易见，因此在国外早就有研究者对其加以关注并开展研究。其中一些研究者从驾驶员的实时驾驶行为出发，将与交通事故紧密联系的驾驶员驾驶行为主要分为两种：一是分心驾驶，另一个就是上述的攻击性驾驶。汽车驾驶员情绪不稳定、有意冒险去对抗别人，这种情境即为攻击性驾驶。而与攻击性驾驶紧密相连的一个因素就是驾驶愤怒（Driving Anger）。

驾驶愤怒这个概念最先由 Deffenbacher 等人于 1994 年提出，指个体在驾驶过程中出现的愤怒倾向。为了评估人们的这种倾向，这批研究者开发出 14

个项目的驾驶愤怒量表（Driving Angry Scale，DAS），并分析总结出驾驶愤怒的6维度模型，包括无礼行为、交通拥堵、敌对姿态、低速行驶、遇警以及违章驾驶。使用驾车愤怒量表时，被试要在5点量表上评分（1表示一点也不愤怒，5表示极为愤怒），以评估当某种驾车状况发生时，自己体验到的愤怒水平。项目中涉及的驾车状况包括：某人冲你做出某种手势，似乎是因为你的驾驶冒犯了他；某人驾着车不停地变道，在车流中拐来拐去；堵车，自己被堵在路上；等等。该量表的克伦巴赫 α 系数在0.80到0.92之间，10周的重测信度为0.84。另外，被试在驾车愤怒量表上的得分与在特质愤怒量表上得分之间的相关系数在0.27到0.33之间，这种程度的相关说明驾车愤怒与特质愤怒有一定的联系，但这两者所测的是两个相对独立的构念（Deffenbacher，2000），这同时说明驾车愤怒量表具有较好的结构效度。

有研究者对近20年驾驶愤怒与攻击性驾驶之间关系的研究进行元分析，发现驾驶愤怒可以很好地预测攻击性驾驶（Nesbit，Conger，& Conger，2007）。在这些研究中，比较有特色的还数 Deffenbacher 团队的工作成果，他们提出了自己独特的理论并根据理论开展相应的实证研究（Deffenbacher，Lynch，Oetting，& Yingling，2001）。这个理论叫作驾驶愤怒的状态特质理论，这个理论可以衍生出六个假设，即：

与驾驶愤怒水平较低的司机相比，驾驶愤怒水平较高的司机：

（1）被诱发愤怒的情况更多（诱发假设）。

（2）在马路上驾车时愤怒体验更加频繁（频率假设）。

（3）体验愤怒时更加剧烈（剧烈程度假设）——这种情况要考虑到情境与人的交互作用，因为即使是容易发火的人，也不是任何情况下都会发火。当激惹或挫折比较轻微时，易怒者和温和者都不会有多少愤怒。而当激惹或压力程度较高时，易怒者会体验到更强烈的愤怒。当然，在极端情况下，即使很不容易发火的人也会忍不住发脾气。

（4）既然易怒者（特质愤怒水平较高的人）驾车过程中会更频繁地体验愤怒，而且体验到的愤怒也更剧烈，这样的愤怒可能会导致攻击行为。（攻击假设）也就是说，易怒者在马路上更可能卷入攻击事件。

（5）愤怒情绪的产生与逐渐加剧可能会导致驾车过程中的冲动行为和危险行为水平增高（危险行为假设）；不只是攻击行为，很多别的驾驶行为（如超速，快速变道和醉酒驾驶）也具有危险性，可能会给自己和他人带来不良的后果。当然，产生这些行为的原因有很多，愤怒是其中之一。

（6）愤怒情绪及其有关的认知过程会干扰安全驾驶所需要的认知过程，攻击和危险行为也会有这样的干扰，因此易怒者发生车祸的概率会比别人高，或者与车祸有关的状况（险情、违章和驾车失控）会更多一些（不良后果假设）。还有很多因素（路况、驾驶技术水平和其他司机的行为）可能导致上述状况，愤怒情绪也是其中之一。

为了考察这些假设，研究者对驾驶愤怒水平高低两个水平的司机进行了比较，结果发现：

（1）易怒型的司机承认驾车过程中的愤怒是一个问题并正在接受咨询，而温和型的司机并没有遇到与驾车愤怒有关的困扰，因此并不认为这是什么问题。

（2）在驾驶过程中，易怒型的司机感到被激惹而产生愤怒的状况更多，发火的频率也更高，每次发火的程度也更剧烈。这一结果支持假设1，假设2和假设3。

（3）当在行车过程中被激惹时，如果激惹程度不大，那么易怒型的司机与温和型的司机所产生的愤怒情绪没有显著的差异，而当激惹程度比较大时，前者的愤怒就比后者更加激烈。

（4）易怒型的司机虽然在遭遇大的交通事故上的频率并不比温和型的司机多一些，但他们会遭遇更多的小事故和险情，也存在更多的驾车违章情况，这一结果支持了假设6（Deffenbacher et al., 2000; Lynch, Deffenbacher, Filetti & Dahlen, 1999）。

驾驶愤怒的概念被提出之后，被广泛应用于多个国家和地区。西班牙与土耳其的研究者修订DAS后在本国收集数据，发现其内部结构与原始的6维度模型拟合较好（Sullman，2006； Yasak & Esiyok，2009），而在英国、法国与瑞典的研究者则根据本国被试的情况将 DAS 的 6 维模型分别缩减为 3 维度模型、5 维度模型以及 3 维度模型（Bjorklund，2008； Lajunen, Parker, & Stradling，1998； Villieux & Delhomme，2007）。此外，DAS 还在新西兰、日本等地进行过测量，获得的总分与内部结构均与西方国家有较大差异（McLinton & Dollard，2010； Sullman，2006）。这些研究表明，驾驶愤怒这一人格构念存在文化差异，将其引进到本国进行使用时，必须考虑到这一点。

李凤芝等人曾将 DAS 纳入自编的攻击性驾驶行为量表（李凤芝、李昌吉、詹承烈等，2002），这一本土化的操作并不涉及 DAS 本身的内部结构。而刘睿哲等人（2013）的研究则考虑到 DAS 内部结构的文化差异，并进行了跨文化的比较。他们将 DAS 翻译成中文并对 259 名中国司机进行测量，同时还收集了 472 名德国驾驶员的 DAS 数据。结果发现：中国驾驶员的"驾驶愤怒"并不符合原来的 6 维度模型，而德国驾驶员的"驾驶愤怒"比较符合原来的 6 维度模型。尽管如此，研究者发现 DAS 的某些维度具有跨文化的一致性，比如"敌对姿态"与"遇警"。这说明"驾驶愤怒"的内部结构中既存在文化特异性的一面，又存在文化普遍性的成分。另外的文化差异还表现在两点：

（1）中国驾驶员的驾驶愤怒水平显著低于德国驾驶员的驾驶愤怒水平。

（2）中德两国驾驶员的驾驶愤怒水平随年龄变化的趋势也大相径庭。德国驾驶员中年龄越大的驾驶愤怒水平越低，而中国驾驶员中却是年龄越小的愤怒水平越低。研究者认为，对于中国驾驶员而言，刚入行的年轻人对于驾驶的新鲜感和责任感都还未曾消耗殆尽，能够比较自律，更加谨慎谦虚，因此其驾驶愤怒水平并不高，而从事一定时间的司机们则可能由于职业倦怠或者其他各种原因，自律水平下降，因此管控不住自己的情绪，导致驾驶愤怒的水平更高。有的研究结果可以间接支持这种解释，李孜佳和顾海根（2009）的研究就发现，公交车驾驶员的职业倦怠中的情绪衰竭水平，会随着驾龄的增加而升高。

3 特质愤怒与其他形式的攻击

驾驶愤怒虽然与特质愤怒不同，但它们在概念构成上有许多相通的地方，例如由驾驶愤怒的状态特质理论衍生出来的假设 1、2、3 就与特质愤怒的概念不谋而合，可见驾驶愤怒的这些理论假设就是仿造特质愤怒的概念而形成的，只不过把情景限定在驾驶这一特殊的场合。也就是说，驾驶愤怒是特定情景下的特质愤怒，会导致特定情景下的攻击行为；而特质愤怒是一般性的愤怒倾向，它所对应的攻击行为也更加具有一般性，可能涉及各种情景。

有研究者曾经研究过特质愤怒以及愤怒表达风格与模拟情境下的攻击行为的关系（Kassinove, Roth, Owens, & Fuller, 2002）。研究想知道特质愤怒与愤怒表达风格在竞争 / 攻击决策和反应中的作用。为此，研究采用了"囚徒困境"的范式。研究者告诉被试这是一个战争时候发生的事件，因此，"攻击敌人"意味着攻击，而"坚守待援"则意味着非攻击的选择。研究招揽了92 名被试，先让他们完成状态特质愤怒表达问卷。然后将 92 名被试随机分配成两人一对的 46 个小组，以完成囚徒困境的任务。每一对被试在特质愤怒水平上可能相同，也可能不同，由研究者随机匹配。此外，每一对被试要重复完成100 次的囚徒困境任务。之后，被试还要再完成一次状态愤怒问卷。这个研究的基本设想是：特质愤怒水平高的被试更可能会选择"攻击敌人"。研究结果表明这种设想是有道理的。首先，完成任务前后的状态愤怒有明显的增长，而特质愤怒水平越高的被试，其状态愤怒增长的幅度更大。显然，易怒者的愤怒更容易被唤醒。更为直接的证据是特质愤怒水平高的被试会做出更多的"攻击敌人"的反应，当他的同伴是一个特质愤怒水平高的人时，他尤其会这样。此外，特质愤怒中的气质分量表可以预测状态愤怒、攻击反应和反击得逞前的试验数量；而且，特质愤怒不仅直接对攻击反应数量有效应，还通过愤怒控制间接地与其有关。从这些结果我们可以看出，特质愤怒（特别是特质愤怒气质）和愤怒控制困难对于决策和竞争行为而言是有害的人格因素。

还有研究者探索了特质愤怒在酒精与攻击行为之间的关系中的作用（Giancola，2002）。研究者试图调查男性和女性中特质愤怒对与饮酒有关的攻击行为的影响，这个研究所招揽的被试为204个（111名男性和93名女性）年龄在21到35岁之间的饮酒者，其特质愤怒水平用特质愤怒量表测得，而其攻击行为则用一个修订版的Taylor攻击范式进行测试。这种攻击范式要求被试完成一个竞争任务，在任务中他可以向一个虚拟的对手施加电击（攻击行为），或者被施以中等程度的电击（激惹行为）。在这种情况下，攻击行为的操作性定义就是在高/低激惹情景下被试对虚拟对手施加电击的强度。被试完成任务之前要饮酒或饮料（安慰剂）。研究结果发现，在诸多因素中，激惹是攻击行为的最强引发因素，而愤怒与攻击行为呈正相关。更为关键的发现是，酒精对特质愤怒水平较高的人（尤其是男性）而言更可能导致攻击行为。可见，特质愤怒与酒精结合起来就容易发生攻击事件。

4　替代攻击

攻击（aggression）是任何旨在伤害他人的行为（Bushman & Huesmann，2010）。在现实生活中，人们不免会遭到激惹（provocation）或感到被激惹。在这种情况下，有人会直接攻击激惹自己的人，这种攻击被称为反应性攻击（reactive aggression）（Krämer，Büttner，Roth，& Münte，2010），而有人则会因为不敢或无法攻击激惹自己的人，转而攻击无辜的人，这便是替代攻击（displaced aggression）。替代攻击伤害无辜者，不符合社会行为"一报还一报（tit for tat）"的原则；而替代攻击者也意识不到自己攻击一个无辜者的原因（俞丰，郭永玉，涂阳军，2011）。不幸的是，这种非理性的现象时常出现在我们的日常生活中（如家庭暴力），有时甚至引发惨剧。

Denson等人认为，实施替代攻击的倾向本身就是一种人格特质。也就是说，有的人比其他人有更高的替代攻击倾向，更可能实施替代攻击。基于这种考虑，他们编制了替代攻击问卷（The displaced aggression questionnaire，DAQ）来测量个体在特质替代攻击上的水平差异（Denson, Pedersen, & Miller, 2006）。DAQ 包括愤怒沉湎（anger rumination）、复仇计划（revenge planning）和替代攻击（displaced aggression）三个因子，分别代表特质替代攻击的情绪成分、认知成分和行为成分。该问卷不仅具有优良的内部一致性信度和重测信度，其三维结构也能很好地拟合数据。此外，它在实证效度方面也有充分的证据。例如，以 DAQ 为工具的研究发现，高特质替代攻击的人在受到微小的激惹时更倾向于实施替代攻击（Denson, Pedersen, & Miller, 2006），他们也是心血管疾病的危险人群（Denson, 2008）。另有研究发现，特质替代攻击能正向预测个体自我报告的身体症状，并负向预测个体的生活满意度（Denson, Peterson, Ronquillo, & Miller, 2008）。

上述证据说明，高特质替代攻击的人不仅可能对无辜者造成伤害，自己的身心也在遭受这种性格的伤害。了解人们在特质替代攻击上的个体差异有助于预防和减少类似的伤害，而 DAQ 正是评估这种特质的一个有力工具。

第三部分　怒型人格与自我控制

　　现代心理学家认为可以通过敌意性解读、愤怒沉湎和高级控制功能等三个方面来理解在特质愤怒水平上的个体差异（Wilkowski & Robinson，2008a）。其中，高级控制功能是三者之中唯一起正面作用的因素。这个功能的中枢在前额叶皮质，是一种有限的资源，用于克制不合适的想法，冲动和行为（Baumeister，Heatherton，& Tice，1994；Rueda，Posner，& Rothbart，2004）。显然，它也可以帮助我们遏制愤怒和攻击冲动（Eisenberg，Smith，Sadovsky，& Spinrad，2004；Posner & Rothbart，2000）。发展心理学（Kochanska，Murray，& Harlan，2000），临床心理学/法医学（Morgan & Lilienfeld，2000），以及人格与社会心理学（Tangney，Baumeister，& Boone，2004；Wilkowski & Robinson，2008b）等诸多领域中，研究者们已然证明高水平的控制机能对应着低水平的愤怒倾向。正因为两者之间具有如此明确的关系，致力于特质愤怒这一主题的心理学家试图从控制机能角度来阐明特质愤怒的内在机制。

　　在研究这种高级控制机能的实践中，研究者们采用过多种评估方式，其中既有人格测验，也有反应时技术。人格测验包括 Tangney 等人（2004）编制的自我控制量表，Derryberry 等人（1988）编制的成人气质量表中的意志控制分量表以及 Barratt（1959）编制的冲动性量表等。反应时的技术则有经典的 Stroop 任务（Stroop，1935）和侧蔽任务（Eriksen & Eriksen，1974）等。在这类任务中，被试做出正确反应时要抑制不正确的干扰刺激，反应时越长，说明其高级控制机能的效率越差。在现有的有关特质愤怒与这种控制机能的关系的研究中，不管用哪种方式评估个体的高级控制机能，结论都是一致的：高水平的控制能力对应着低水平的愤怒与攻击倾向。

1　自我控制

有研究者将这种控制机能定义为个体在克服强势反应倾向以及助长弱势反应倾向上的能力（Eisenberg et al., 2004; Rothbart, 1989）。何为强势反应？MacDonald（2008）认为是那些自动化的反应倾向（例如受到挑衅就会生气，看见蛇就会害怕等）。这种自动化可能源于重复而导致的习惯化，但更多是在漫长的生物演化过程中发展而来的机能，专门用以解决那些反复出现的生存与繁衍问题（Geary, 2005; Tooby & Cosmides, 1992）。这类下意识反应的特点是快捷，不需劳神，一系列的自动反应只针对特定类型的生存问题。例如，害怕这种情绪反应只针对危险情境。这样的反应虽然能对环境中的特定刺激做出迅速反馈，但这种反馈非常机械，无法灵活地适应环境变化。当自动化反应不能适应环境要求时，就需要用高级控制的功能来做出适当的调整以随机应变。

1.1　两种认知系统：内隐系统与外显系统

有大量的认知心理学或认知神经科学的证据显示，人的认知系统中存在功能完全不同的两种认知系统：内隐系统和外显系统（Geary, 2005; Lieberman, 2007; Satpute & Lieberman, 2006; Stanovich, 1999, 2004）。内隐系统是自动化的，反应快速，不需要意志努力，在认知上体现为平行加工（能同时处理很多信息）。Stanovich（2004）称之为自动化的系统装备（the autonomous set of systems, TASS），这个系统能够自动地对特定的信息做出快速反应。

进化心理学认为，不管是人还是动物，都会面临环境中出现的各种挑战，这些挑战有的来自于物理环境，有的来自于生物环境，有的来自于社会环境。有的挑战是偶然出现的，而还有许多挑战会在人的进化过程中反复出现。为了应付这些反复出现的问题，人的系统中就进化出了特定的功能来专门应对。一旦环境中有此类生存问题出现的迹象，这些功能就会自动生成特定的反应来解决这个问题。例如，人类或猿类的视觉系统中就包含大量的专门化区域以处理视像的不同方面（Zeki，1993），有些专门应对颜色的区域对刺激物的颜色起反应，有些专门应对运动的区域对刺激物的运动起反应，这两种反应可以同时进行互不干扰（平行加工），共同形成一个统一的视像。这就是自动化的系统装备中的一种。当然，这种自动化的系统装备并不局限在视觉系统这种基本功能中，社会交换（Cosmides，1989）、心理理论（Baron-Cohen，1995）、恐惧（Bowlby，1969；Gray，1987；LeDoux，2000）、通俗物理（Povinelli，2000）以及语法掌握（Pinker，1994）等广阔的人类功能领域中均属于或存在这种自动化的系统装备。当然，这种自动化的反应机制不一定总是在进化过程中成型的，也可以通过反复的练习或操作获得。如熟练的技能、顽固的思维倾向（偏见），以及启动效应都是经由这种方式被塑造成的（Bargh & Chartrand，1999）。

另一方面，外显系统的运作是意识得到的，可以控制，但是需要意志努力，因此反应也比较慢，一般以系列的认知加工方式处理比较少量的信息。Stanovich（2004）有关"分析系统"（analytic system）的描述与外显系统的特征相吻合。分析系统适用于各种情景的机制，包括逻辑思维，计划和认知控制。这个系统对言语输入敏感，可以对外在环境进行可以意识到的表征，包括对行为结果的假设性表征。这些外显的过程一般会被体验成一种内在自主的语言独白，还伴随有意志感（Satpute & Lieberman，2006）。

自动化的系统装备与"分析系统"有时候会出现冲突（Stanovich，2004），尤其是在人的情绪和社会行为领域，存在大量的需要由"分析系统"

来控制自动化反应的情况。自动化的过程属于在进化历史中比较古老的功能，而外显的控制过程的中枢则位于前额叶皮质（prefrontal cortex，PFC），这是在进化的历程中最近出现的功能区。

外显的过程可以对思想和行为进行调控，这种机制叫作执行功能（executive functions）。而当个人要想让自己的行为符合自己的意图时，就需要使用自上而下的认知加工，前额叶皮质是这种加工机制的主要中枢所在。前额叶皮质可以对广泛脑区的神经活动进行抑制或加强，因而会影响诸如视觉、呼吸、情绪、长时记忆、动机、认知以及注意之类的多种功能系统（Gazzaley & D'Esposito，2008）。执行功能让人能够根据目的，克服对环境刺激的反射性应对。当在环境中遭遇从未见过的问题，环境刺激、认知和应对行为之间的联系还没有建立好的时候，其作用就非常重要了（Miller & Cohen，2001）。

有许多与内隐系统相对应的外显功能（Koch，2004）。也就是说，有一种内隐系统，就相伴有另一种外显系统。以视觉系统为例，视觉 - 运动（vision-for-action）系统和视觉 - 知觉（vision-for-perception）系统就分别是视觉系统中的内隐系统和外显系统。视觉 - 运动系统会反射性地关注某些进化过程中形成的重要刺激，如巨响、蛇或具有性吸引力的个体，这种优势反应是自下而上的自动化功能。相应地，视觉 - 知觉系统用于搜索物体，这种任务需要专注，即尽力把视觉集中在物体的关键特征上。这种专注需要自上而下的序列加工，它是任务导向的，需要意志努力。

当个体遇上非常规的任务，需要灵活的反应，长时间地保存信息以及计划未来的行动时，就得靠外显过程了（Dehaene & N 扣带前回 ache，2001；Gray，2004；Koch，2004；Miller & Cohen，2001）。外显过程是意识层面的（Stanovich，2004），而有关意识层面的理论都认为，有意识的过程具有适应性，因为它们能通盘考虑来自不同功能系统的信息（Morsella，2005）。与之相关的是，前额叶皮质与大脑中的感觉、认知、情绪以及运动等功能模块存在着广泛的联系，它在大脑中的作用就是用来将来自各方的信息整合，以指定计划以及产生可随意控制的行动（Gazzaley & D'Esposito, 2008; Striedter, 2005）。

进化心理学家认为，许多适应性的心理功能都是在漫长的进化时代发展而来的，用于对反复出现的生存问题进行适应性反应。人们也逐渐进化出对这些生存问题产生情绪反应，情绪反应是进一步行动的前奏或信号（Wilson, 1975）。举例而言，进化心理学理论认为，与危险有关的线索（包括噪音之类的剧烈刺激，蛇与高处等生存威胁以及陌生人、婴儿期被独自丢下等社会刺激）自然会导致恐惧的情绪状态（Bowlby, 1969; Gray, 1987）。这些情绪状态是反射性的，其产生过程是内隐的，意识不到，是由丘脑直接到达杏仁核的神经通路实现的（LeDoux, 2000）。人类进化的一个关键部分就是，上述反射性的情绪过程可以通过外显过程进行意志控制。启动外显过程的不是那些反复出现的生存问题，而是随机出现的各种新状况。在这些状况下，不能采用反射式的行为来应对，而应该清醒地权衡利弊。外显的过程可以对这种状况进行表征，对情景的独特性和变化也比较敏感，这种优势是内隐系统无法比拟的。

1.2 自我控制所包含的内容

自我控制是一个大的概念，它包含了现今常用的一些其他概念，如执行功能、意志控制、工作记忆等。现在学界中存在这样的现象，在发展心理学领域的研究中常将自我控制解读为意志控制（effortful control）（Rothbart, Derryberry, & Posner, 1994; Rothbart, Ellis, & Posner, 2011; Rueda, Posner, & Rothbart, 2005）。所谓意志控制，儿童气质心理学家 Rothbart（1989）把意志控制（effortful control）定义为"注意执行的效能，包括抑制强势反应或（和）激发弱势反应、计划和探测失误的能力"。她和同事们认为意志控制是人类气质的重要维度（Rothbart, Ahadi, Hershey, & Fisher, 2001），其本质在于对注意这种认知过程的控制，即自主地抑制、激发和调整注意资源和相应行为。而临床、认知以及神经科学等心理学领域的研究中常将自我控制解读为执行功能（executive function）（Blair & Ursache，2011； Gyurak et al.，2009）。

意志控制与执行功能在概念上是有区别的。Metcalfe 和 Mischel（1999）曾构想出一个双系统的理论框架，有助于理清这个问题。在他们的这个理论框架中包含一个情绪性的"热"系统和一个认知性的"冷"系统。热系统是反射性的，反应快速，但被刺激所控制，反应过程无法意识到，这种就是自动化的反应。大部分自发的情绪反应就属于这种热系统自动化的反应。如当看到一个很萌的小动物时，会不由自主地微笑。冷系统是反映性的，反应较慢，但是反应过程是受控的，能够被清晰地意识到，这种就是有意识的反应。比较重要的社交场合的面部表情，如礼仪小姐的微笑，都是在自身意识严格控制下的。

（Blair and Ursache 2011； See also Blair & Razza，2007； Liew，2012）认为意志控制包含了对快的自动化过程的控制，而执行功能是对那些慢的，刻意的认知过程的控制。还有一种看法是，执行功能本身就包含有"冷"和"热"两种形态，"冷"型执行功能主要涉及中性情绪条件下对认知过程的控制，而"热"型执行功能则负责对社会情绪过程的控制。也就是说，意志控制与执行功能在涵义上可能有着不少的重叠（Zhou，Chen，& Main，2012）。因此，这些概念虽然都独立存在，但学界对其中的关系并没有完全澄清，也存在一定程度的混用。在本文中，会忠实于不同研究者各自的观点，在描述特定的研究中，使用原文中的概念，只是读者需要了解这些概念间的关系的背景。

1.3 一般智力与意志控制

处在意志控制下的人对自己的行为及其目的有清晰的意识，也能清楚地感到自己对思维和情绪的掌控。在解决冲突（主要指相互矛盾的信息）、修正错误以及计划新行为时，意志控制这种机能具有非常关键的作用（Posner & DiGirolamo，2000；Posner & Rothbart，1998；Rueda，Posner，& Rothbart，2004）。当然，意志控制的各种功能也可以整合地应用在情绪调节过程中（Caspi & Shiner，2006；Kieras，Tobin，Graziano，& Rothbart，2005；Saarni，Campos，Camras，& Witherington，2006）。例如，自主的注意控制可以使人不再把注意力集中于悲伤的事件中（Rothbart，Ziaie，& O'Boyle，1992）。

能够体现控制机制的最典型例子就是一般智力。一般智力不是一个功能，而是由一整套功能（其中最关键的是工作记忆中的执行过程）构成的一个功能集合。这个功能集合的共同运作才可以让人在不确定的条件下解决新的问题（Chiappe & MacDonald，2005；Geary，2005）。万物之灵的人类之所以比动物能干，有创造力，主要就是因为人可以控制自动化的过程，靠外显的加工过程来做决策和解决问题。

一般智力涉及控制自动过程的能力，而这种能力需要个体能从直接体验中脱离出来，形成假设情境的心理模型（Geary，2005）。在对社会情绪行为进行意志控制时，这种心理模型包括对行为的好处和代价进行清晰的表征，以及内隐过程产生的冲动（报复的欲望）与现实的象征性表征（想象中的监狱生活）之间的冲突。对现实的表征往往随着科技进步、风俗与法律以及信仰和态度的改变而不断发生变化。

举个例子，在原始社会时期，个体如果发现自己的婚配对象与可能的第三者有接触时，会自然触发个体对自己配偶的性嫉妒以及对第三者的愤怒情绪，这种情绪会让人进入准攻击状态。而攻击实际上会不会发生还取决于个体对各种状况的评估（法律上的惩罚，可能的报复等），尤其是对攻击行为的利与弊进行周到的权衡。这种对利害得失的算计并非起源于进化时代反复出现的现象，而是分析系统的产物，分析系统可以评估当前情境，并针对行为的各种可能后果建立心理模型。

Morsella（2005）提出过一个"走过滚烫沙子取水"的冲突故事。对于许多动物而言，这种冲突的解决要看"免于渴"和"免于痛"这两种内隐行为倾向的强度比较，哪一种行为倾向占上风，就会出现哪种行为（Goetz & Walters, 1997; Lorenz, 1981; Tinbergen, 1951）。哺乳动物的情况有所不同，它们的前额叶皮质或与之相似的脑组织可以支持对行为的执行控制，这种控制基于对两方面信息的通盘考虑：一方面是由皮层下组织产生，并会通过前额叶皮质中内侧眶皮层（orbitofrontal area, OFC）的情绪线索，另一方面是感觉信息及其他可出现在工作记忆中的信息（Uylings et al., 2003）。对人类而言，这种执行控制所涉及的信息就更复杂了，除了哺乳动物共有的那两方面信息外，人类还有对情境的评估：水能喝吗，如果不能，以现有的手段能否让它适于饮用？如果去取水，会不会引起占有水源的人的攻击，如果这样，可不可能压制他们的暴力行为？这个水源是不是圣地或某个神圣仪式的一部分，因此不允许饮用？可见，对于人类而言，冲突的发生不仅存在于不同内隐心理过程的信号（疼痛与口渴）之间，还存在于这些信号与对情境的象征性表征之间。

这些象征性的表征并不是进化时代环境中反复出现的生存问题，它们也不受制于自然选择。例如，在"是否走过热沙去取水"的问题情境中，身体缺水感到口渴以及脚被烫到会感到疼痛，这两种自动化的过程是针对不断出现的状况（身体缺水和身体受伤）的适应性反应，缺乏这两种机制的人（长期缺水却不感到渴，身体受伤却不感到疼）对于危及生命的状况毫不敏感，因此很难生存下来。只有具备这些自动化应对机制的人，才更容易生存。而他们的下一代，就会通过基因遗传，继承这样的功能。这就是自然选择的力量。但是，象征性的表征这种心理功能并不在自然选择的影响范围之内，因为它们所应对的情境不会密集地反复出现，更不会延续数个世代，没有足够的时间来让自然选择起作用。因此，也没有比较强的基因基础。试想，将水源赋予政治和法律意义，这种功能是由哪一种"环境中反复出现的状况"塑造出来的呢？

同样地，一般智力也不是自然选择的结果。一般智力中包括克服自动化认知过程的能力，而自动化的认知过程（如对剧烈刺激的优先注意）通常是在进化时代形成的对常规生存问题的适应性反应（Stanovich，1999）。一般智力会产生创造性的新方式，包括在适宜生存的环境中改善觅食技术以及现代的技术革命，这些新方式让人能够更加有效地应对生存问题（Chiappe & MacDonald，2005）。当然也可以这样认为，虽然意志控制并非由环境中反复出现的生存状况所决定，但它的形成依然是自然选择的结果：对情境进行象征性表征的这一能力，比那些由环境中的常规生存问题所塑造的功能要更加具有适应性。

总之，意志控制可以调控自动化的行为倾向（例如，性冲动、杀人的意念以及种族优越感）。自动化的行为倾向多是在进化过程中形成，用于对环境中反复出现的常规生存问题进行反射性的快速应对。但这种反应比较被动，不能灵活应对突然改变的情况。环境是多变的，因此需要意志控制来控制自动化的倾向，以随机应变。这种有利于应变的控制功能依赖于个体对行为利弊的权衡与算计，而这种权衡需要对情境以及行为后果进行清晰的表征，这种表征大多数是象征性的，而非真实的状况。同时，这种表征功能并不受制于自然选择的影响。在"水－烫沙"的两难情境中，渴（身体缺水）与害怕（怕烫）是进化过程中形成的自动化机制，人的头脑中还会形成各种开放性的象征性的表征（水的神圣属性，水能喝吗？水有主吗？）以及权衡行为的代价和收益，意志控制就是在这些内容的基础上实现的。

值得注意的是，这些象征性的权衡并不一定得是客观现实。例如，在"水－烫沙"的两难情境中，"害怕被水源的占有者攻击"可能是"放弃取水"这一行为选择的最终决定因素，但这个水源可能根本没有人占领。更重要的是，自己对自身行为动机的了解也可能掺杂着合理化和自我欺骗的作用。因此，尽管这种动机是在清晰的意识之下，却未必是对个人动机的准确把握。如有研究表明，攻击和药物滥用这两种行为的动机就含有合理化和自我欺骗的成分（Beck，Wright，Newman，& Liese，1993；James et al.，2005）。同样，虽然还没有研究给出证据，但有理由相信当人们对其社会情绪行为实施控制时，未必总是能够意识到他这样做的动机。可见，人们常常在权衡利弊之后，试图控制自动化的情绪与社会行为，这种操作并不要求一定要对自己的动机了如指掌。

另外，内隐过程不一定总是在进化过程中形成的，也可能是通过不断重复和练习形成的技能和评价（Bargh & Chartrand，1999）。重复和练习可以让一些行为和想法变得自动化。学过开车的人都经历过由外显过程控制的行为向内隐过程主导的技术转化的体验。刚学开车的时候，每一个动作都得清醒地意识到，是通过外显的过程来处理。但经过不断地练习之后，所有动作都变得自动化，不需要特别注意就可以进行，这就是由内隐过程主导了。

1.4　与意志控制有关的脑区

在人类和动物的前额叶，有着不同的分区，分别对应着工作记忆，执行功能和社会情绪行为的意志控制。

1.4.1　人类数据

对于人类而言，其皮质分区的程度非常高，其前额叶皮质区自然也有着不同的功能分区，分别对应着工作记忆、执行功能以及对社会情绪行为的意志控制。其中，前额叶皮质的背外侧区域对应着工作记忆的功能，包括对表征的贮存（Goldman-Rakic，1987）以及根据对长时记忆中某处表征的注意来选择动作反应（Curtis & D'Esposito，2003）。

执行功能的前额叶皮质区比较复杂，Aron，Robbins 和 Poldrack（2004）在对多个研究进行分析后发现，进行诸如威斯康辛卡片分类任务、定势转换任务以及"当给出线索词时，抑制目标词"之类的执行功能任务时，涉及的脑区包括右侧额下回（right inferior frontal gyrus，IFG）、前额叶皮质的背外侧以及背侧前扣带回皮层（dorsal anterior cingulated cortex，扣带前回）。其中，前额叶皮质的背外侧的功能在于保持警醒和让任务指令存在于意识中（工作记忆容量），背侧前扣带回皮层的参与是因为任务中的刺激与目标不匹配，产生了冲突，而右侧额下回则负责抑制住不合适的反应。值得注意的是，背侧前扣带回皮层与侧前额叶皮层之间有着丰富的连接，但这一区域与控制情绪的区域（如杏仁核与前额叶眶面区域）并没有联系。另外，有研究者指出，右侧额下回可能并不具有抑制不当行为的功能，他们认为人脑中并没有一个专门用来抑制行为的区域，与其说是行为抑制，倒不如说是从各种可能行为（包括不行动）中选择其一，不启动其他行为（Curtis & D'Esposito，2009）。这说明，右侧额下回是否参与到抑制行为的过程中去，还是一个有争议的问题。

就意志控制而言，认知神经科学领域里的研究逐渐聚焦于前额叶腹内侧区域（ventromedial PFC），尤其是前额叶眶面区域和前扣带回腹侧区域与社会行为控制相关特质的关系。从结构上说，前额叶腹内侧区域是情绪过程的专属区域，而情绪过程与杏仁核以及前扣带回腹侧区域有很强的联系（Banfield，Wyland，Macrae，& Heatherton，2004；Bush et al.，2000；Drevets & Raichle，1998；Humphreys & Samson，2004）。前扣带回腹侧区域与情绪过程的关系有下述证据提供支持：Bush 等人（2000）指出，在情绪Stroop 任务中的认知操作涉及前扣带回腹侧区域的功能。另外，对精神病人症状感应的研究（如焦虑、抑郁以及强迫症状）也涉及该区域（Bush et al.，2000）。Drevets 和 Raichle（1998）发现，情绪过程与认知过程所涉及的脑区的血流量具有互相抑制的特点。也就是说，刺激情绪过程的体验会增加杏仁核、前额叶眶面区域后中部以及前扣带回腹侧等区域的脑血流量，但会减少前额叶背外侧和前扣带回背侧等区域的脑血流量。不管是积极情绪体验还是消极情绪体验都会激活前扣带回腹侧区域。进行认知要求高但没有情绪色彩的任务（如工作记忆任务，反转任务以及视觉－空间任务）时，就会有相反的效应：增加流向前额叶背外侧区域和前扣带回背侧区域的血液，但减少流向前额叶眶面区域后中部、前扣带回腹侧区域以及杏仁核的血液。人类前额叶眶面区域的损伤会导致社会行为的失控，典型的例子就是 Phineas Gage，一次事故中，一个大铁钉损毁了他前额叶眶面区域的中部，从此他就变得冲动，在社交中容易做出不恰当的事情，对社会规范漠然，总之就是缺乏自律性了（Davidson，

Jackson & Kalin, 2000; Dolan, 1999; Ongur & Price, 2000)。

　　腹内侧前额叶皮质区受损的病人对奖励和惩罚的敏感性是正常的，但他们的行为被即时的奖惩所决定，无法为长远的目标而行动（Bechara, Damasio, Tranel, & Anderson, 1998; Bechara, Tranel, & Damasio, 2000; Rolls, 1999, 2000; Rolls, Hornak, Wade, & McGrath, 1994）。也有研究者发现，至少有一部分这样的病人倾向于冒险行为，他们会在赌博游戏中选择变数更大的赌局（Sanfey, Hastie, Colvin, & Grafman, 2003）。Anderson 等人（1999）发现，婴儿期就有腹内侧前额叶损伤的病人在尽责性上表现不良（不可靠，不能为将来做计划，只顾眼前，不能追求长远目标），攻击性质也是冲动性，而非工具性的，而且对侵犯他人利益毫无罪恶感。这些研究中的被试道德感也不成熟，这可能是因为他们小时候没能领会道德情境中的意外情况。

1.4.2　动物研究

　　总的来说，哺乳动物的前额叶皮质与执行功能相联系，负责选择与生成行为模式，利用工作记忆与长时记忆之间的通路等机制进行运作。Uylings, Groenewegen 和 Kolb（2003）总结了以鼠类为对象的研究，发现鼠类前额叶内侧区域（medial prefrontal area）与工作记忆（以延迟反应任务来评估），执行功能任务（例如，认知反转任务，注意转移任务）以及行为序列的选择与组织（包括物种典型行为，如筑巢）。而其前额叶眼眶面区域则与社会情绪行为以及对"行为－奖赏"之间关系的理解有关。前额叶皮质中内侧眶皮层受损的老鼠愿意"等待较短的时间，得到较少的奖赏"，而不愿意"等待较长的时间，得到较大的奖赏"（Rudebeck, Walton. Smyth, Bannerman & Rushworth, 2006），还有研究发现，受了这种伤的老鼠在受奖赏的价值降低后，不能调整自己的行为（Pickens et al., 2003）。这种症状与人类一样，人类的前额叶皮质中内侧眶皮层运作不良的时候，也会比较冲动，不能忍受延迟满足。

　　人类前额叶皮质中内侧眶皮层的功能在于调节进化中形成的自动化行为

倾向。同样，老鼠的前额叶皮质中内侧眶皮层功能涉及抑制物种典型行为。老鼠被放入游泳池后会不停地企图顺着泳池的墙壁爬上去，这种行为就是一种物种典型反应，当这种行为无效（爬不上去）时，正常的老鼠很快就会放弃而想办法另辟蹊径，但前额叶皮质中内侧眶皮层受损的老鼠就很难放弃这种行为（Kolb，1984，1990）。Roll（2000）从以猴子为对象的研究数据中发现了前额叶功能分区的证据，这些证据指出，前额叶有三个不同的功能分区：与执行功能任务（go/no go 任务和目标反转任务）有关的分区、与工作记忆中的空间记忆短时贮存有关的区域（前额叶背外侧区域，dorsolateral PFC）以及与冲动（攻击倾向、恐惧愤怒等情绪以及对初级强化物的欲求）控制有关的区域（前额叶眶面区域尾部）。前额叶皮质中内侧眶皮层受伤会使动物的情绪过程失去控制（Dias，Robbins，& Roberts，1996）。正常的情况是，动物在遭遇强烈刺激时会产生剧烈的情绪反应，面对较弱的刺激时则会产生轻微的情绪反应，但前额叶皮质中内侧眶皮层受伤的动物没办法根据刺激强度变化调整自己的情绪反应，它们可能会对弱刺激产生夸张的反应，或在强刺激前显得无动于衷。

以恒河猴为对象的研究发现，动物的前额叶皮质中内侧眶皮层与其应对意外变化的行为有关。研究者给恒河猴进行强化时，突然改变强化物的价值，使恒河猴遭遇到预料之外的情况。这时动物就要抑制习惯化的动作，根据新情况调整自己的行为。这种操作与前额叶皮质中内侧眶皮层的功能有关（Roberts & Wallis，2000；Wallis，Dias，Robbins，& Roberts，2001）。别的研究者也有类似的发现，眶面神经元对刺激物的奖励价值非常敏感，一旦发生预料之外的情况，它马上就能产生反应。而且，这些神经元也与针对强化物意外改变的行为改变有关（Rolls，1996，2000；Rushworth，2008）。人类和动物的前额叶皮质中内侧眶皮层也与逆转学习有关（Overman，Bachevalier，Schuhmann，& Ryan，1996；Rolls，2000），逆转学习也需要对强化程序中的意外情况保持警觉，还需要抑制住先前已经被强化的反应。

1.5 意志控制的运作机制

如前所述，来自认知神经科学方面的研究发现意志控制与前额叶中部的扣带前回（anterior cingulate cortex）和辅助运动皮质区（supplementary motor cortex）的一些区域有关联（Rothbart, Derryberry, & Posner, 1994），这些区域的功能涉及计划、对注意以及相应行为的控制（Rueda et al., 2004）。同样聚焦于扣带前回的功能，另一些研究者则试图解释这种控制功能的运作机制（Botvinick, Braver, Barch, Carter, Cohen, 2001；Carter, Macdonald, Botvinick, Ross, Stenger, Noll, & Cohen, 2000）。他们提出的核心问题是，我们的大脑的高级控制机能是如何被启动的？换句话说，我们的认知系统怎么知道何时应该控制，何时不需要控制呢？Carter 等人（2000）认为冲突是高级控制的启动信号。两个反应倾向（强势反应倾向和弱势反应倾向）同时存在，就形成了内在冲突。相互冲突的信息或反应倾向出现时，系统就会启动高级控制机能来解决冲突。为了描述这种机制，他们提出了一个影响较为广泛的理论：冲突监测理论（conflict monitoring theory）。

冲突监测理论在冲突监测功能和控制执行功能之间做出了明确的区分。也就是说，认知系统首先要能监测到冲突状态，然后才进行执行控制以处理冲突。冲突监测和控制执行是两个不同的过程，由不同的脑区负责。控制执行是一种资源有限的自上而下的加工过程，它是基于一定的命令和目标来实现的。而监测过程是一个对特定领域的信息加工过程状况进行简单的评估，这种评估是通过一种简单的算法来实现的。一般情况下，扣带前回负责监测冲突信号，然后将信号传递给前额叶皮质，由前额叶负责具体的执行（MacDonald, Cohen, Stenger, & Carter, 2000），脑功能成像技术的研究为此提供了坚实的证据。这些研究表明，扣带前回背部（dorsal anterior cingulate cortex）负责探测优势反应（冲动性反应）与当前目标的冲突，不涉及实施自上而下的控制加工（Botvinick, Cohen, & Carter, 2004）；而前额叶侧面（lateral prefrontal cortex）则负责将当前目标维持在短时记忆中，并通过自上而下的注意调节机制，调整负责视觉或听觉等方面加工的脑区的活动，实施自上而下的控制加工（Aron, Robbins, & Poldrack, 2004）。扣带前回和 DLPFC 就这样构成了一个反馈环路。许多神经成像研究表明前扣带回和前额叶皮质在多种认知任务中都出现了激活，包括工作记忆任务、言语流畅性任务、分散注意任务、运动反应、错误监测、竞争监测以及对任务的预期和奖励任务（George, Vogt, Holmes et al., 2002）。

一般认为前额叶皮质参与了具体的执行控制功能，但是关于扣带前回参与执行控制功能的具体机制却存在很多争论（朱湘如，刘昌，2005）。研究者注意到，能够出现扣带前回激活的各种实验任务都具有以下三个特征：首先是这类任务要求被试克服某种不正确强势反应，例如在 Stroop 任务中被试要克服读词的倾向，或是在 flanker 任务中克服两边箭头的干扰；另外，被试要在同等可能性的反应中进行选择，例如在 Flanker 任务中要求被试判断中间的箭头是向左还是向右，或者单词产生任务中要求被试判断某个汉字增加一个笔画后是否能构成另外一个汉字，均是二择一的反应；第三，在被试出现反应错误的情景下，错误情景一般都与高冲突程度相联系，如 stroop 任务中当色字的颜色和词义一致时，错误率就低一些，因为这种情形冲突程度极低，但色字的颜色和词义不一致时，错误率就高一些，因为这是高冲突的情形。这三个特征之间的共同点就是都涉及高冲突情景（Barch, Braver, Akbudak et al., 2001）。这是导致冲突监测理论成型的最初的逻辑起点。

有研究者通过被试在箭头 flanker 任务中的表现，为扣带前回的冲突监测功能提供了佐证（Gratton, Coles, & Donchin, 1992）。在这种任务中，电脑屏幕上会出现 5 个连续的符号，最中间的那个符号一定是一个箭头。箭头可能朝向左边，也可能朝向右边。被试的任务就是要尽可能快而准确地判断这个箭头的朝向。如果中间箭头方向朝左，那么被试就应该按键盘上预先设置的"左方向"键，中间箭头方向朝右时则要按相应的"右方向"键。中间的箭头两边各有两个符号，被称为 flankers，即侧面的东西或侧卫。这些符号也是箭头，也有两种情况：侧面的箭头可能与中间的箭头方向一致，比如→ →

→→→或←←←←←，也可能与中间箭头的方向相反，比如：→→←→→或←←→←←。前一种情况叫作一致性（Congruent）flankers，它们不会对判断中间箭头方向的任务产生干扰，而后一种情况即非一致性（Incongruent）flankers，它们会诱使人产生完全相反的反应倾向，与正确的反应产生竞争。通过对被试的行为测验的分析发现，虽然让被试忽略两侧刺激，但是被试进行选择性注意时会在两侧刺激和中央刺激之间寻找一种平衡，两侧箭头的方向不可避免地会对中间箭头的判断产生干扰。其产生的结果就是，在一致性flankers 的情况下，被试的反应要快于非一致性 flankers 的情形。

有两种不同的情景，一种是非一致性 flankers 在一致性 flankers 之后出现的 CI（Congruent-Incongruent）情景，另一种非一致性 flankers 在非一致性 flankers 之后出现的 II（Incongruent-Incongruent）情景。Gratton 等人（1992）在实验中发现，CI 情境下非一致性 flankers 的反应时相对延长，这种现象被称为格雷顿效应。研究者对这种效应的解释是，在 CI 情景下，一致性 flankers 在前，需要的控制力不高，以这种控制程度应付接下来的非一致性 flankers 就有些力不从心，会产生较高的反应冲突。而在 II 情景下，非一致性 flankers 之前的任务也是非一致性 flankers，被试在完成第二个非一致性 flankers 时还维持着较高的控制力，因此产生的反应冲突不大。简而言之，CI 是"低控制，高冲突"的情景，而 II 是"高控制，低冲突"的情景。CI 和 II 情景下的反应时差异，实际上是因为两种情形下的反应冲突程度不一样，CI 情景下的冲突程度高，因此反应时长，而 II 情景下的冲突程度低，反应时就相对较短。基于这种理解，Botvinck 等人（Botvinick, Nystrom, Fissell, et al., 1999）在实验中利用 flankers 任务实现了控制过程和冲突程度的分离，并用功能核磁共振（fMRI）的技术监测大脑相应位置的激活程度，结果发现：在 CI（低控制、高冲突）条件下扣带前回活动变强、前额叶皮质背外侧活动变弱；与此相反，在 II（高控制、低冲突）条件下前额叶皮质背外侧活动变强、扣带前回活动变弱。即冲突程度与扣带前回的激活程度成正比，因此认为扣带前回和冲突监测有关就变得顺理成章了。

　　还有的研究者通过改变一致性和非一致性任务的比例来实现这个现象，其逻辑与上述道理一样。Carter等人（2000）利用Stroop任务，通过操纵被试对非一致性任务（颜色词的颜色与词义不一致，要求说出词的颜色，例如，红色的"绿"字，其颜色与其词义是互不相容的，词义必定会干扰命名颜色的任务）和一致性任务（颜色词的颜色与词义一致，要求说出词的颜色，例如，红色的"红"字，其颜色与词义是相同的，词义不会干扰命名颜色的任务）出现比例的期待来实现控制过程和冲突过程的分离。实验分为两种情景，一种情况下有80%的一致性任务和20%的非一致性任务。另一情况下则是80%的非一致性任务和20%的一致性任务。研究者的逻辑是：在第一种情况下，由于一致性任务占绝大多数，被试所遭遇的冲突很少，因此他们感到只需维持较低的控制力就能顺利应付大部分的任务，这种程度的控制力遭遇到非一致性任务时就会难以应对，出现比较高的冲突。相反在第二种情景下，由于非一致性任务占绝大多数，被试的控制力必须维持在较高水平才能应付大部分的任务，这种控制力本来就设定在应付非一致性任务时的程度，因此，冲突就会较低。同样地，第一种情况是"低控制，高冲突"的情景，而第二种情况是"高控制，低冲突"的情景。研究者发现，第一种情况下被功能核磁共振（fMRI）的技术监测到的扣带前回激活程度较高，再一次发现了冲突程度与扣带前回的激活程度成正比的现象。

　　在上述涉及冲突的任务中，都很容易出现错误反应。不一致刺激反应的错误率比一致刺激更高。这些错误反应成为ERP技术的研究对象，也为冲突监测理论提供了比较有说服力的支持性证据。这些研究最关键的发现是ERN（error-related negavity），即错误关联负波（Gehring, Goss, Coles et al., 1993）。ERN在错误反应之后50~150ms之内脑波出现的一个负偏转，其波峰在70ms左右，最大值出现在额中回附近，由于这种波与错误反应密切相关，因此而得名ERN。在许多实验范式中都可以发现ERN，如双选任务、迫选字母分辨任务、Go/No-Go任务等。有研究者通过偶极子定位的方法，发现这个成分主要分布在额中部区域的扣带前回附近（Dahaene, Posner,

& Tucker, 1994）。其他研究者对 ERN 开展源定位研究也发现它源于扣带前回。此外，fMRI 研究也发现过与之类似的扣带前回的错误相关激活（Carter, Macdonald, Botvinick, et al., 2000; Casey, Trainor, Orendi et al., 1997）。

为什么会出现 ERN，冲突监测理论给出了这样的解释：在快速反应任务中，错误反应经常是一个未成熟的反应，对刺激的分析还没有完成，错误反应就已经发生了。但在错误反应发生之后，对刺激的加工仍在继续，正确反应的表征在反应之后激活，正确反应表征激活之后与先前的错误反应表征之间的冲突就会达到最大，ERN 就是这种冲突的反映。有人曾用肌电作为指标来考察被试在完成一个 Flanker 任务时生理信号的变化情况。实验中，要求被试用左手对靶子 A 进行反应，右手对靶子 B 进行反应，同时用 EMG（electromyography）测量每只手的肌电。被试在实验过程中经常犯颠倒的错误（即搞混左右手的靶子，用左手对靶子 B 进行反应，而用右手对靶子 A 进行反应）。结果表明，错误和错误校正反应在时间上是重叠的，这种时间上的重叠表明被试的错误反应可能是一个不成熟的反应。此外，该研究还发现快速反应冲突是 ERN 产生的一个重要条件，ERN 和反应冲突之间存在着密切的关系（Gehring & Fencsik, 1999）。

ERN 是错误反应出现后才会伴随出现的一种现象，但即使是冲突比较严重的非一致任务（非一致性 flankers 或非一致性 stroop 任务）中还是正确反应居多，而正确反应之后并没有出现像 ERN 之类的负波。那么是不是可以说正确反应中就没出现冲突呢？显然不是，因为对非一致性任务的反应时要普遍长于对一致性任务的反应时，这说明前一种任务中的冲突是存在的。冲突监测理论认为在正确反应中同样存在正确表征和错误表征的冲突，但是正确反应和错误反应的冲突解决过程并不相同。在对非一致性任务的错误反应过程中，扣带前回的激活要晚于反应，两者的冲突反映为 ERN；而在对非一致性任务的正确反应过程中，扣带前回的激活要早于反应，这是因为正确反应表征的强度远高于错误表征的强度，两者之间的冲突在反应之前就已解决了。扣带前回在正确反应中活动的反映是出现在额中回 N2 波，它代表了正确反应中的冲突程度。Yeung 等人（2004）的研究发现它在反应之前 88ms 就开始出现。研究还发现 N2 和 ERN 的特性有许多相似之处，N2 会随着冲突程度的升高波幅变大，而且 N2 的波幅与反应时有正相关关系，波幅越大反应时越长（Nieuwenhuis，Yeung et al.，2003）。N2 与 ERN 有相同的头皮分布，也有共同的产生源即扣带前回。这表明它们有共同的产生源，反映的是同一个部位的活动。

1.6 工作记忆容量、执行功能与意志控制

如上所述，有关人类和动物的研究都显示执行功能和意志控制对应着不同的脑区。研究者们曾经提出过一种理论，即执行功能有"冷"和"热"两种形态，"冷"型执行功能主要涉及中性情绪条件下对认知过程的控制，而"热"型执行功能则负责对社会情绪过程的控制（Hongwanishkul，Happaney，Lee，& Zelazo，2005；Kerr & Zelazo，2004；Miller & Cohen，2001；Zelazo & Cunningham，2007；Zelazo，Qu，& Mu ller，2005；Unsworth，Heitz，& Engle，2005）。

Roll 等人（1994）发现，前额叶眶面区腹侧功能只是在有奖惩的反转学习任务中才会启动，而在无奖惩的类型转换任务（威斯康辛卡片分类任务或配对联想学习任务）中却不会启动。这部分脑区的功能受损，会导致社会行为的失控，如冲动性购物。Kindlon，Mezzacappa 和 Earls（1995）发现，停止任务（stop task，被试见到信号后得忍住已经习得的反应倾向）和 stroop 任务在因素分析中负荷在一个因子上，而有奖惩的任务则负荷在另外一个因子上。后来的研究发现，具有外化性障碍的儿童在这两个因子上都表现不好（Mezzacappa，Kindlon，& Earls，1999）。另外，Horn，Dolan，Elliott，Deakin 和 Woodruff（2003）的研究发现，个体在特质性冲动上的得分与无奖惩的"go/no go"任务得分并无相关。Hinshaw（2003）也曾经指出，虽然所有多动症儿童都会因为认知冲动性而出现执行功能方面的缺陷，但只有那些有攻击性的

孩子才会出现情绪控制方面的问题，也就是说，多动症是执行功能缺陷问题，而攻击性则是社会情绪控制失败的症状，两者应该分开看。

然而，Blair 和 Razza（2007）发现执行功能与意志控制之间有微弱的相关。但是，这两者对学业成绩的效应是独立的。这说明这两个系统具有相当的独立性，但并非没有联系。Zelazo 和 Cunningham（2007）就曾指出，有些情况单纯地需要控制情绪，但在大部分情况下，情绪控制只是手段，而完成认知任务才是目的，在这种情况下，冷的执行功能和热的执行功能都牵涉其中。

研究者已发现，在完成执行功能的任务时，工作记忆与前额叶皮质背外侧区域也会被激活（Aron et al.，2004）。实际上，当意志控制启动的时候，也会激活工作记忆与前额叶皮质的背外侧区。例如，Davidson（2002）发现，有奖惩的决策任务不仅涉及与工作记忆有关的前额叶皮质背外侧区域，还涉及与意志控制有关的前额叶皮质腹内侧区域。Bechara 等人（1998）发现了前额叶皮质背外侧区域与工作记忆有关的证据，即该区域的损伤会影响延迟反应任务（反映工作记忆容量）。他们同时还发现，这种损伤会影响决策任务。这让研究者有理由相信，工作记忆是保证决策过程的一个必要条件。在博弈任务中，良好的工作记忆功能可以让个体考虑某一决定的长远影响，而非拘泥于即时的奖惩。但是，工作记忆并非良好决策过程的充分条件。也就是说，即使工作记忆运作良好，但前额叶腹内侧区域机能有损，个体还是不能有效地顾及决策的长远效应，因而做不好决策任务。

由前额叶腹内侧区域支持的意志控制实施会增加工作记忆的负担，并且干扰个体在执行功能任务中的表现。研究者发现，如果个体企图控制偏见态度之类的社会情绪反应，他在 stroop 任务上的表现会降低水准（Unsworth et al.，2005）。意志控制本身也是一种能量有限的过程，在某种情境下实施过控制后，在随后需要意志控制的任务中就会疲软，容易控制失败（Richeson & Shelton，2003；Richeson，Trawalter，& Shelton，2005；Schmeichel & Baumeister，2004）。鉴于杏仁核与前额叶背外侧之间的联系很少，Hikosaka 和 Watanabe（2000）认为与奖励有关的期许由前额叶眶面区域产生，进而传送到前额叶背外侧区域，在这里进行情绪过程与认知过程的整合。这说明，意志控制过程是显意识的，需要占用工作记忆，因此会对工作记忆造成负担。

社会情绪控制过程、工作记忆容量和执行功能交互影响，其中一个有负担，就会干扰其他两个过程（Schmeichel，2007）。刚刚完成执行功能任务的被试观看动物被屠杀的视频时，很难控制自己的情绪反应，同样地，刚刚完成情绪控制任务（故意夸张地表达负性情绪）在工作记忆任务（如回忆与一系列数学问题配对的词汇）上就会表现不佳。另有研究发现，工作记忆上的负担也会干扰个体在诸如负性启动和反眼跳之类的任务（属于执行功能任务）中抑制不当反应的能力（Engle，Conway，Tuholski，& Shisler，1995；Roberts，Hager，& Heron，1994）。基于这些证据，研究者认为，这三个过程可能是由同一种能量驱动的，这种能量可能是脑中的葡萄糖储备。

总之，冷型执行功能和热型执行功能（即意志控制）是有区别的，两者的实施都会对工作记忆造成负担。此外，情绪过程产生的认知负担还与个体在意志控制上的个体差异有关。例如，偏见程度高的个体（当对外群体做出反应时，倾向于有负面情绪）要控制自己的偏见态度，就会对工作记忆容量造成更大的负担。但如果他们有强力的意志控制，就可以抑制这些体验，当然对工作记忆资源造成的耗竭依然不可避免。Richedson 等人（2003）的研究发现了相似的现象：遭遇外种族人时，个体与工作记忆中执行过程相关的脑区（前额叶皮质背外侧与扣带前回）会被激活，而且随后在 stroop 任务中的成绩会下降。

三者关系纠缠不清，在这三个过程上的个体差异呈现中等程度的相关也就不足为奇。Unsworth 等人（2005）就提供证据说，个体在工作记忆容量上的差异与执行功能的水平（stroop 和反眼跳任务）呈正相关。

1.7 意志控制的发展、性别差异及其与尽责性的关系

考察意志控制的发展因素时，如何评估儿童的意志控制，尤其是幼儿，心理学家有一系列的办法。例如，要求小朋友（22—33 个月大）等信号，信

号出现才能吃桌子上的点心，或者告诉他包装盒里有点心，但实验者回来之前，不能看也不能碰。通过这些简单的小伎俩就可以基本判断幼儿抑制占优势的社会情绪反应的能力水平。如今，通过这些任务，有关意志控制的个体发展的研究也逐渐形成一致的观点（Kochanska et al.，2000）。总的来说，意志控制随着年龄增长而增长，而且女孩要优于男孩（Kochanska & Knaack，2003；Lamb，Chuang，Wessels，Broberg，& Hwang，2002；Olson，Sameroff，Kerr，Lopex，& Wellman，2005）。从发展上来看，意志控制水平的增长与前额叶皮质的发展状况是同步的，从幼儿到成年，前额叶皮质的功能是随着年龄呈线性增长的。但令情况变得复杂的是，个体在感觉寻求和逐利行为倾向上的发展却是非线性的，因为这些趋向行为的发展还受到边缘系统的成熟度的影响（Casey，Jones，& Hare，2008）。

大约从 10 到 12 个月时开始，个体在集中注意和控制不适宜的趋向倾向等方面就已经出现了个体差异（Rothbart et al.，2000）。对于这一阶段的儿童，意志控制水平可以预测他们调节愤怒（安全座椅绑带绑紧的时候愤怒反应较少）和调节快乐（看木偶表演时的欢乐反应较少）的能力（Kochanska et al.，2000）。

女孩的意志控制水平较高的现象与进化理论中有关性别的部分非常契合（MacDonald，1995，2005）。进化心理学认为，在养育后代这件事情上，男性和女性的投资程度是不一样的，男性投资（生殖细胞多，没有怀孕的负累）比较低，而女性投资比较高（生殖细胞极为有限，且怀孕负担大）。投资高的一方（一般为女性）获得交配的机会虽然比较容易，但后代的数量却不会很多（Trivers，1972），因此，她们在寻找配偶方面偏向于谨慎和克制，因而更加地自控。投资低的一方在求偶方面却比较困难，因为他要面对其他求偶者的竞争。一方面竞争激烈，另一方面又有几乎无限的生殖细胞，因此，投资低的一方（一般为男性）在求偶方面往往采用更冒险的策略，更倾向于刺激寻求，而且对惩罚更加地不在意，显得更为冲动。

还有研究者在基本人格维度中，找到了与意志控制极为接近的人格特质，即"五因素"人格系统中的尽责性（Caspi，1998；Kochanska & Knaack，

2003；Rothbart et al.，2000）。Rothbart成人气质量表中唯一与尽责性相关的就是它的意志控制因子（MacDonald，Figueredo，Wenner，& Howrigan，2007；Rothbart et al.，2000）。除此之外，从理论上看，尽责性与意志控制也有很强的联系。

尽责性是"五因素"人格模型中的维度之一（Costa & McCrae，1992；Digman，1990，1996；Goldberg，1981；John，Caspi，Robins，& Moffitt，1994），指"依照社会需求实施的冲动控制，目的在于助长与任务和目标有关的行为"（John & Srivastava，1999）。尽责性描述的是个体在延迟满足上的能力差异，这种延迟满足包括在不愉快的任务上坚持不懈，尽力关注细节以及用负责、可靠和配合的方式行事，这些努力都是服务于长远目标的（Digman & Takemoto-Chock，1981；Digman & Inouye，1986）。

尽责性与学业上的成功密切相关（John et al.，1994）。而学业上的成功在人类的整个学习阶段（从小学到大学）都是女性占优势（King，2006）。在这个研究中，高中阶段的学习成绩与尽责性的相关达到了0.50左右。而6年后，这些被试二十几岁的时候，他们的职业地位与尽责性的关系也达到这一程度。这些相关说明，尽责性水平比较高的人可以控制自己当前的快乐寻求和其他冲动。而且，尽责性也确实可以预测实际的与冲动控制有关的情况。研究表明，尽责性水平比较低的人，其工作业绩更差，更加不娴熟（Barrick & Mount，1991），更难约束不诚实的行为（Murphy & Lee，1994），健康习惯更不好，死亡率也更高（Friedman，2000）。

心理病理学与人格系统的极端状态有关（MacDonald，1995，2005；Widiger & Trull，1992）。在尽责性水平极低的一端所对应的是各种外化行为（Eisenberg et al.，2004）、品行障碍（Krueger，Caspi，Moffitt，White，& Stouthamer-Loeber，1996）、攻击行为（Pulkkinen，1986）、青春期药物滥用（Block，Block，& Keyes，1988）、不良行为（Robins，John，& Caspi 1994；White et al.，1994）以及反社会人格障碍（表现为不负责任，行为不良，没有义务感和提前计划的意识（Widiger，et al.，2002）等，这些都是在男性中比较普遍

的问题行为和表现。而这些表现在年轻男性中尤为明显，因为此时的男性刚刚性成熟，要与其他男性争夺配偶，进化过程中为此形成了行为趋向的倾向性使得他们更容易攻击和大胆追求异性。有些理论家认为，青少年的反社会行为，奖赏寻求，冒险性至少部分是由前额叶系统的发育相对迟缓导致，而不是行为趋向系统（Casey et al.，2008；Raine，2002）。

2 自我控制能量使用的结果：自我损耗

还有一些研究者聚焦于这种控制机能的"能量有限性"特点，对其运作机制进行了深入细致的探讨（Baumeister, Bratslavsky, Muraven, & Tice, 1998；Muraven, & Baumeister, 2000）。自我的活动需要某种能量的参与，做出负责任的选择或慎重的决定、发起或抑制某些行为、制订并执行计划等都需要这种能量。这些活动对个体健康和适应性，对社会发展和进步都发挥着举足轻重的作用，自我控制就是这些活动中最具代表性的一种（Baumeister, Bratslavsky, Muraven, & Tice, 1998）。但是，有时候人们自我控制的企图会失效，于是便会出现诸如过度拖延、物质依赖、过量饮酒、暴力行为、攻击性言论、非理性消费、不安全的性行为及不健康的饮食习惯等负面现象，人们被自己的冲动、欲望和情绪所驱使，无法为了长远的目标做出自律的行为。为什么会发生这种现象？Baumeister 等人（1998）提出了能量模型（strength model）来解释这种现象。他们认为人的自我控制机能虽然具有强大的适应性，但它的能量是有限的，当人执行了这种控制之后，就会发生能量损耗，如果继续从事需要控制的任务，就达不到无损耗时的效率。这种能量上的衰减被称为自我损耗（ego depletion）。

2.1 自我损耗的界定

Baumeister 等人（1998）认为自我损耗是"自我进行意志活动（包括控制环境、控制自我、做出抉择和发起行为）的能力或意愿暂时下降的现象"。

Hagger 等人（2010）则是这样描述这种现象的：……正如肌肉在经过一段时间的活动后会变疲劳，导致力量下降一样，自我经过一段需要自我控制资源的活动之后，自我控制的能力会被耗竭（depleted），这种状态被称为"自我损耗"。这些界定都是描述性的，从这些描述当中，自我损耗可以被看成一种过程，即自我活动过程中消耗心理能量的过程；也可以被理解为一种状态，即心理能量损耗后产生的一种执行功能受损的状态。我国有的研究者倾向于将自我损耗视为在自我的活动消耗心理能量后引起执行功能下降的过程，而将对自我损耗的后一种理解视为自我损耗的结果，也就是自我损耗的后效（谭树华，许燕，王芳，宋婧，2012）。

自我损耗理论最初是基于自我控制的研究提出的，Baumeister 等人（2000）总结既往理论和研究，提出自我的活动损耗某种心理资源的理论，其要点包括：（a）这种心理资源对执行诸如自我控制、审慎的选择、主动性行为之类的功能而言是必不可少的。（b）这种资源是有限的，因此短期内执行自我控制的次数也是有限的。（c）所有的执行功能共用同一种资源，即一种功能的执行耗费了资源，那么执行另一种功能时就可能会因为资源余额不足效率降低。比如说调控情绪和思维这两种功能执行都会消耗资源，如果一个人进行了很困难的脑力劳动，那么他接下来在情绪控制方面可能就会变得不太容易。（d）执行自我控制功能时，其成功与否取决于资源的量是否足够。（e）而自我控制的执行过程就是消耗资源的过程，消耗后需要一段时间才能恢复，类似于肌肉疲劳后需要休息才能恢复（Baumeister, 2000, 2001; Baumeister et al., 1998; Baumeister, Muraven, & Tice, 2000）。

自我活动后损耗的到底是什么，目前还是个未解决的问题。根据强化敏感性理论（reinforcement sensitivity theory）（Schmeichel & Harmon-Jones, 2010），人的行为被三个潜在的系统调节，行为激活系统（behavioral activation system）调节着人对愉悦的刺激（appetitive stimuli）的反应，战或逃系统（fight-flight-freeze system）调节着人对厌恶性刺激的反应，行为抑制系统（behavioral inhibition system）调节着系统内部的冲突。自我损耗的研究者发现心理能量发生损耗后，能量不足会导致行为抑制系统活力下降，进而使行为激活系统对行为的影响相对增强。除此之外，自我损耗后行为激活系统自身的活力也会增加，从而进一步增加了自我调控的难度。而且这种活动力的增加与行为抑制系统的减弱无关，即使在不需要抑制某种驱动力的反应中，这种寻求即刻的奖励性刺激的驱动力仍然会增加。研究表明，个体自我损耗后对奖励性刺激（如"＄"）比对中性刺激（如"％"）更敏感，而这种敏感与抑制什么反应无关，纯粹是由对这种奖励性刺激的需求增加引起的（Schmeichel et al., 2010）。可见，自我功能的执行不仅损耗了抑制功能的力量，还使得行为激活系统自身的活力增加（也许是损耗了大脑中默认的限制激活系统的力量）。

还有的研究者试图从生理上去寻找自我控制能量的源头。因为大脑的重量占不到人体重量的2%，消耗的卡路里却占16%，甚至有人认为大脑消耗的卡路里能占人体总消耗的20%—25%，因而自我的活动需要生理能量似乎是必然的。而且，妇女的经前综合征与自我损耗后导致的自我控制能力下降的现象很相似，经前综合征包括情绪、注意的控制困难，过量酒精、咖啡因和食物等的摄入，工作绩效下降、压力、挑衅行为、犯罪、人际冲突等。从生理角度看，在这个阶段，大量的能量被分配给了卵巢，导致其他领域的能量不足，经前综合征可能是过多的能量被用在卵巢的新陈代谢上所致，因而可以作为自我控制等执行功能需要某种生理基础的间接佐证（Gailliot, Hildebrandt, Eckel, & Baumeister, 2010）。还有研究者提出葡萄糖可能是心理能量的生理基础（Gailliot et al., 2007）。此外，大脑的前扣带皮层（the anterior cingulate cortex）是执行控制的区域，通过ERP等相关手段的研究发现，在自我损耗前后，前扣带皮层的激活水平会发生变化（Gansler et al., 2011; Inzlicht & Kang, 2010; Schmidt & Neubach, 2007）。

这种资源最初被研究者称为自制力（self-control strength），而有些中国学者习惯称之为心理能量（谭树华，许燕，王芳，宋婧，2012）。心理能量并不是一个新鲜的名词，弗洛伊德的理论中就有心理能量一说。实际上，在中文的语言体系中，也有描述这种心理资源的词汇，即"神"。所谓神元气足，说的就是这种心理资源非常充沛的状态；而"耗神"则是指某件事情非常困难，需要消耗大量的这种心理资源才能应付；如果到了"伤神"的地步，就是说这种心理资源已经消耗得特别厉害，短期内难以恢复。

2.2 双重任务范式

为了检验自我损耗的效应，研究者开发了双重任务范式（dual-task paradigm, Baumeister et al., 1998；Muraven, Tice, & Baumeister, 1998）。在这种任务中，被试要完成两个互不关联的任务。实验组（自我损耗）的被试参与的两个任务都需要耗费高级控制能力，而控制组的被试则只有第二个任务需要耗费高级控制能力。两组被试的第二个任务是相同的。也就是说，实验组接受的第一个任务会引起自我损耗，而控制组接受的第一个任务不会引起自我损耗，最后要比较实验组和控制组在第二个任务上的表现。因为实验组的心理能力在第一个任务中受到损耗，所以在第二个任务上的表现会较差；而控制组心理能量未损耗，因此在第二个任务上表现会较好。

研究者可以通过对比实验组和控制组的差异来确定自我损耗的程度或效果。举例而言，有的研究者采用单词学习任务作为双重任务中的第一个任务，采用另一个无解任务（unsolvable task）作为第二个任务来考察自我损耗现象。在单词学习任务中，所有被试都要学习 20 个常用的单词（如"dog"），只不过实验组必须把熟悉的词当作新的意思来使用，如将"dog"理解为"explanation"，即他们必须忘掉这些单词正确的意思，使用新赋予的意思来完成某项写作。这种任务需要随时抵抗原有词义的影响，非常耗神；而控制组学习同样数量的新单词，词义与既有的认知习惯不冲突，因此他们耗费的资源并不多。第一个任务完成后，被试就开始第二个任务，研究者要记录他们的表现。第二个任务的形式多样，可以是某种非常繁琐的任务（进行乏味的数字运算），或者是完全不可能实现的任务（解一道无解的字谜或题目），让被试自己决定何时停止实验，看他们能够坚持多长时间。这个时间可以用来确定自我损耗的程度及结果（Unger & Stahlberg，2011）。

实际上，在一个研究中属于自我损耗的任务，在另一个研究中可能就是观测损耗后效的任务。因为本质上它们都是要消耗同一种心理能量的。当然，为了保证两次操纵之间不存在直接的相关，研究者一般会保证自我损耗任务和测量损耗后效任务的异质性，如自我损耗的操纵采用思维控制任务，测量后效任务可能会采用情绪控制或任务坚持性，而不是再次采用思维控制的方式。

2.3　自我损耗的后果

自我损耗的后果常常是负面的，因为这种状况意味着个体自我控制能力的弱化。有研究发现自我损耗后人们对信息倾向于接收而不是辩驳，因而更容易被说服，信息的说服力即使是有限的，仍然会被轻易接收（Wheeler，Briäol，& Hermann，2007）。可见，因为心理能量不足，个体会变得懒于思考，可能会不假思索地全盘接受别人的意见，丧失了批判性。但这种无力思考的状态也会引起相反的效果，如有研究发现自我损耗后人们倾向于搜寻与既有信念相一致的信息，忽略与之不一致的信息，因为调整自己的信念属于深层认知加工，而且不一致的信息会引起个体的不愉悦感，调节这种感受也需要心理能量（Fischer，Greitemeyer，& Frey，2008）。在这种情况下，心理能量减弱的人反而不容易接受与自己信念不一致的信息，如果企图说服他接受这种信息，反而会起到反效果。另有研究者认为人们在不同的思维倾向（switching mindsets）间转化也需要心理能量的参与，而转化思维倾向的过程就是自我损耗的过程，因而自我损耗后人们在不同甚至相互矛盾的观点间进行转换会更加困难（Hamilton，Vohs，Sellier，& Meyvis，2011）。这进一步说明了心理能量不足的人在智力活动上的不利处境，他们或是容易被说服，或是容易固执己见，都体现了其批判性思考能力的贫弱。

　　除了智力上的损失，心理能量上的损耗还会导致个体的自我评价降低。有研究发现人们在自我损耗后会低估自己的能力，消极地评估自身对外部环境的控制能力，对未来的预期也更为悲观（Fischer, Greitemeyer, & Frey, 2007）。同时，这种损耗也会影响别人对自己的评价。研究者发现，在人际交往过程中，若感知到对方处于自我损耗的状态，就会不太容易信任对方。因为心理能量的损耗是影响状态性自我控制的决定性因素，而感知到对方自控能力的强弱与对其信任感的高低直接相关（Righetti & Finkenauer, 2011）。简单来说，当一个人心理能量损耗比较大的时候，他的自控能力会大失水准，看起来非常地"不靠谱"。另外，当接收到的信息与传递出的信息不一致的时候也会损耗心理能量，因为这是一种违反认知或表达习惯的过程，如看到悲伤的影片或图片却要做出微笑的表情会让人感到非常地别扭。因此，服务人员保持微笑服务并不是一件轻松的任务，这也是一种情绪劳动（Schmeichel, Demaree, Robinson, & Pu, 2006；Thau & Mitchell, 2010）。但完成这种劳动所付出的代价常常被人们所忽视。

　　如果一个人被周围的人歧视，他的应对必然包含与之有关的调整情绪（如压抑自己的愤怒）和认知（改变对自己处境的不利认知），而调控情绪和思维都会消耗心理能量。长期生活在歧视和贬低的环境中的人们容易出现抑郁和物质滥用（如酒精、毒品）等后果，心理能量不足可能是原因之一（Inzlicht, McKay, & Aronson, 2006）。同样地，当一个人处在压力中时，同样会导致自我损耗。调查显示学生的社会经济地位与自我调控的成功率显著正相关，而自我调控的成败是心理能量充足与否的重要标志之一。而且在实验室研究中，中产阶级学生自我损耗的后效也显著高于经济地位较高的学生（Johnson, Richeson, & Finkel, 2011）。相对偏低的社会经济地位使得私立大学中的中产阶级学生产生压力，这种压力所引起的后果之一就是自我怀疑（怀疑自身的能力与学校的标准是否匹配），而应对、调整这种状态会使学生付出较多的心理成本。因为他们平时要将较多的能量投注到对这些经济差异导致的压力事件进行应对上，分配给其他领域的能量就不够了。同样，考试压力较高的学生报告的日常生活中的抑郁、情绪低落和焦虑以及物质滥用、身体锻炼坚持性差、情绪失控等现象显著高于低压力的学生。在实验室研究中，面对同样的自我损耗任务，考试压力较高的学生在第二个任务上的表现更差（Oaten & Cheng，2005）。这些情况说明，持续的压力应对使学生长期处于心理能量不足的状态。同样，德国一项调查发现，在持续要求消耗心理能量的工作环境中，可能前一次自我损耗的状态尚未恢复的时候又开始了新一轮的损耗，人们会因此处于长期的心理能量不足的状态，会引起心理枯竭（burn out），从而成为工作中旷工的原因之一（Diestel & Schmidt，2010）。

　　除了应对歧视和压力，应对身心不适也会引起自我损耗，创伤后应激障碍（posttraumatic stress disorder，PTSD）患者调整对创伤事件的反复体验和情绪都需要心理能量的参与，因而自我损耗会加剧创伤后应激障碍的症状。反过来创伤后应激障碍患者因为心理能量被用在相关症状的调整上，因而在其他领域会出现适应不良。调查发现创伤后应激障碍患者 3 个月前的自我控制水平能有效预测 3 个月后的创伤后应激障碍症状，而自我控制是心理能量状态的一个有效指标（Walter，Gunstad & Hobfoll，2010）。但应对歧视、压力等在实验室研究中已经证明会导致自我损耗，因而人们若持续处于这样高损耗要求的环境中，出现适应不良至少部分原因是由自我损耗引起的。虽然其他变量如情绪等可能也在起作用，但自我损耗的作用不能忽视，而且自我损耗的后效本身就包含情绪调控能力的下降。

　　还有的研究者研究了自我损耗与冒险行为的关系。结果发现，当冒险行为的回报和负面后果都是即刻出现时，自我损耗会让人不敢冒这种险（Price & Yates，2010）。可能是因为自我损耗后人们觉得没有足够的资源来应对即刻出现的风险，也可能因为对结果的预期较为悲观，因而选择上更为保守。但如果冒险行为的负面后果是未来的，而回报是即刻出现的，自我损耗后会让人倾向于冒险行为，也就是选择眼前的满足而不是长远的收益（Unger & Stahlberg，2011；Joireman，Balliet，Sprott，Spangenberg，& Schultz，2008）。另外，如果不需要被试为结果负责，自我损耗会使之倾向于风险寻求；但若让被试意识到其行为对外界环境的影响，则自我损耗会引起风险规避（Unger & Stahlberg, 2011）。简而言之，自我损耗会让人怯懦而不敢承担责任，同时又贪婪而经不住诱惑。有实证研究已经在道德领域发现过类似的现象。这个研究发现，人们在自我损耗后，面临诱惑的时候更容易做出不道德的举动，如更容易出现冲动性欺诈行为（impulsively cheat）。但这个研究同时发现，道德认同（moral identity）高的被试不道德行为并没有明显地上升（Gino, Schweitzer, Mead, & Ariely, 2011）。这种结果说明，有一些因素会对自我损耗的后效产生影响。研究者们通过进一步的研究发现，这些因素包括某些主观认知、人格特质（如亲社会倾向）以及情绪（如积极情绪）。

某些主观上的认知会对自我损耗的后效产生调节作用。当被试自我损耗后完成第二个任务时，如果他认为这个任务是自己自主选择的，或者认为这个任务有价值，对未来有好处，或对别人有好处，甚至感到这个任务对接下来的任务有帮助，都会使得损耗的后效减轻；反之，如果认为这个任务是被强迫做的，或者认为它没价值，无助于自己的未来，无助于别人，也对接下来的任务没有帮助，则会加剧损耗的后效（Moller, Deci, & Ryan, 2006; DeWall, Baumeister, Mead, & Vohs, 2010; Joirema et al., 2008; Muraven & Slessareva, 2003; Geeraert & Yzerbyt, 2007）。另外，研究者发现亲社会的人格倾向对自我损耗的后效有影响。亲社会倾向（prosocial orientation）高似乎并不能使损耗的后效减轻，但亲社会倾向低却会使损耗加剧（Seeley & Gardner, 2003; Balliet & Joireman, 2010）。还有研究发现在损耗较低的情况下，积极情绪能减轻自我损耗的后效。但是损耗到一定程度时，积极情感的调节作用会消失（Vohs et al., 2008）。另外，除了外显的积极情绪外，内隐的积极情绪也能减轻自我损耗的后效（Ren, Hu, Zhang, & Huang, 2010）。

3 自我控制的两种形式：止动控制和启动控制

随着研究的深入，研究者们发现高级控制机能并不是一个单纯的结构，它可以从不同的角度区分各种子功能（例如，社会情绪控制和认知控制）。各个子功能在生理上对应着不同的脑区，而表现在研究实践中则对应着不同的评估方式（MacDonald，2008）。例如，一般认为采用人格问卷所评估的高级控制功能属于社会情绪控制，而采用反应时技术所评估的高级控制功能则属于认知控制（执行功能）。虽然在现有的研究中，采用这两种方式所评估的高级控制功能与特质愤怒之间的关系都一致呈现负相关（Wilkowski & Robinson，2010），但这种一致性可能掩盖了各个子功能对理解特质愤怒内部机制的独特贡献。由社会情绪控制功能不足所导致的高特质愤怒水平和因为认知控制功能不足所导致的高特质愤怒水平显然是不同的，应该用不同的方式来干预。

在研究中，可以同时采用人格问卷和反应时技术所测量控制机能来预测特质愤怒，以便区分两种控制机能对个体在特质愤怒水平上变异的独特解释作用。这样，当临床工作者试图从高级控制的角度来诊断与特质愤怒有关的问题时，就能了解不同的评估工具所提供的有关高级功能的信息并不相同，并据此"对症下药"。为了明确评估工具的适用范围，不仅区分人格问卷和反应时技术的功能差异是必要的，而且对于人格问卷和反应时技术本身而言，也应该对其功能进行更精确的剖析。对于人格问卷法而言，最近有研究者认为它测量了两种形式的高级控制——止动控制和启动控制，两者对应着不同的功能（De boer，Van hooft & Bakker，2010）。因此，我们认为止动控制与启动控制对于理解特质愤怒的内部机制也有着各自不同的意义。对于反应时技术而言，Wilkowski等人（2008b）开发的敌意启动的高级控制评估技术能较好地把握专门针对愤怒信号的高级控制功能，比一般的认知任务更加适用于理解特质愤怒的内部机制。

自我控制的力量可以从两个方面来解读，一方面是止动控制（stop control），它是阻止某些行为的控制力；另一方面是启动控制（start control），它是发起某些行为的控制力。这两种控制的目的不同，对象不同，所消耗的能量却似乎是相同的。有很多致力于自我控制研究的人士都对这种心理现象做过类似的划分。比如自我控制的缺乏会导致抽烟和酗酒之类的不良行为（Baumeister et al., 1994; Muraven & Shmueli, 2006），这说明自我控制一般是指那种阻止不良行为的自制力。而在另一些情况下，要发起有效的行为也需要自我控制的力量，因此高的自控能力会与较好的学业成绩（Duckworth & Seligman, 2005; Shoda, Mischel, & Peake, 1990）和积极的人际关系（Finkel & Campbell, 2001）相关。因为要想学习成绩好，不仅意味着要抵制各种诱惑（游戏、电影以及各种玩乐），而且还要逼迫自己去执行各种费神的任务（预习、复习以及练习题）。另外，Finkel 和 Campbell（2001）发现，在亲密关系当中，自我控制力与和解有关。和解意味着要容忍伴侣破坏关系的行为，克制自己不要用进一步破坏关系的行为（报复性的咆哮或冷漠的走开）来回应，同时也意味着要主动发起建设性的行为（主动与伴侣说话）来结束对抗。实际上，在修复关系达成和解的过程中，后一种发起有利行为的努力与前一种克制不利行为的努力同样重要。

在 Baumeister 等人（1998）的经典研究中，饥肠辘辘（被剥夺食物）的被试要先看着一个摆在他们面前的巧克力，但不能吃；不久以后，被试还被要求完成一个图形追踪测验。这个典型的双任务作业，包括前面的"不许吃巧克力"任务和后面的图形追踪测验两个任务，研究的目的就是要观察实施自我控制力以"克制吃巧克力的欲望"所产生的"自我损耗"是否会影响图形追踪测验这一任务的成败。其逻辑就是我们前面所提到的，顺利完成两种任务都需要消耗某种心理能量。也就是说，克制食欲消耗这种能量后，所剩余额不足以用来解决难题，就会限制个体在解决难题这个任务上的表现。虽然研究者认为两者消耗的是同一种能量，但根据对行为的作用而言，前者克制行为，显然属于止动控制力，而后者发起行为，类似于启动控制力。

Giner-Sorolla（2001）的研究把自我控制力区分为代价延迟两难（delayed-cost dilemmas，要在"立即获益但将来会付出代价"或者"没有收益也不必付出代价"两者中做出选择）中的自我控制力和收益延迟两难（benefit-cost dilemmas，要在"立即付出代价但将来会获得收益"或者"不必付出代价但也没有收益"中做出选择）中的自我控制力。在代价延迟两难中，要求被试实施自我控制力以阻止自己追求会带来消极后果的即时利益（例如抽烟，它会短暂地刺激神经产生良好体验，但有导致健康状况不良的风险）。而在收益延迟两难中，要求被试实施自我控制力以促使自己去从事那些会付出暂时的代价，但未来有可能产生收益的行为（例如准备考试虽然会很辛苦，但这个代价可以换来一个好成绩以及随之而来的其他好处）。

在 Fishbach 和 Shah（2006）看来，人都有这样的两种倾向，即避免"短期来看是积极的，但长远来看是消极的活动"的倾向，和趋向"短期来看是难过的，但长远来看是积极的活动"的倾向。在他们的研究中，要求被试用推拉操纵杆的方式对看到的词做出反应。这些词都是有关人类活动的，有的词描述积极的人类活动，而有的词则描述消极的人类活动。用拉杆的方式对活动词语做出反应意味着向这种活动靠近，因为拉杆意味着把自己和目标（词语所描述的活动）的距离缩短；而用推杆的方式对活动词语做出反应则意味着离开这种活动，因为推杆意味着把自己和目标（词语所描述的活动）的距离增加。研究的结果显示，当要求被试用推杆的方式对活动词语进行反应时，对从长远来看是消极的活动词语推杆最快；而当被试被要求用拉杆的方式进行反应时，对从长远来看是积极的活动词语拉杆最快。这个结果说明，用长远的积极和消极效应来区分人类活动是有效的，因为人可以从心理和生理上对之做出区别对待。因此，对这两种行为倾向的控制做出相应的区分也是有道理的。

对反射性和反映性功能——或者说冲动与抑制——的区分可以用来澄清行为的有趣性（attractiveness of behavior）和有益性（desirability of behavior）。如果一个人有做某种行为的冲动，那么这个行为就是有趣的，比如对有些人来说会常常忍不住要打游戏，而对另一些人来讲抽烟或是喝酒让人欲罢不能。另外，每个人都还有某些个人的目标，这些目标可以是清晰的，也可以比较模糊，但都是由反映系统来决定的。与这些目标相一致的行为是有益的。例如，你想成为一名优等生，那么认真听讲，完成作业，花额外的时间学习等行为就是有益的行为。如果有趣的事情是无益的或有害的（如吸毒、酗酒或不安全的性行为），就需要止动控制来制止这些行为。同样地，如果为了完成个人目标而必须实施的那些有益行为是无趣的（困难、乏味、让人疲倦和紧张），这时就需要启动控制来发起这些行为。简而言之，会带来短暂快感的那些行为是由反射系统所决定的，而有助于长远目标的那些行为由反映系统来决定。当行为与目标不一致时，个体所执行的自我控制实际上来自于反映系统。

把自我控制区分为启动控制和止动控制，不仅考虑到所控制的行为是否与目标相一致，还考虑到该行为的类型（反射性行为还是反映性行为）。反射性行为都是自发产生的，不需要启动；而反映性行为都需要自我控制参与，是费神的，一旦自我控制松弛下来就会自然停止，不需要止动。因此，止动控制的对象是有害的（背离目标的）反射性行为，而启动控制的对象是有益的（与目标一致的）反映性行为；不存在要执行控制才会产生的有益的反射性行为，也不存在故意而为的有害行为。我们可以类比一下 Carver 与 Scheier（1982）所提出的两个反馈系统。这两个系统主要是以个人设定的目标为参照点划分的，分别为负环路（减少与目标差距的环路，旨在趋近某个有益的状态）和正环路（增加与目标差距的环路，旨在回避某个有害的状态）。两个反馈环路都会影响自我控制的执行：负环路促进能导致有益结果（趋近目标）的行为，而正环路促进能避免有害结果（回避目标）的行为。如果像这样仅仅以目标为参照点来区分自我控制，很难看出止动和启动这样的分别。因为促进同样避害行为正环路既可以通过止动控制来达成（通过戒烟来减少罹患心血管疾病的风险），也可以通过启动控制来达成（通过坚持锻炼来减少罹患心血管疾病的风险）。同样地，促进同样趋利行为的负环路也能同时通过止动控制（通过节制饮食来达到瘦身的目的）和启动控制（通过坚持锻炼行为来达到瘦身的目的）来达成。

Sansone 和 Thoman（2006）区分了目标型动机和体验型动机这两种不同的动机，前一种动机的产生是因为某种行为可以带来有价值的结果，所以有意愿去做；后一种动机的产生是因为做某种行为本身很快乐，所以有意愿去做。这种区分也在一定程度上与启动控制和止动控制相契合。比如说，如果一个人完成任务时具有较低的体验型动机（这个任务非常乏味），却有着很高的目标型动机（这个任务会带来非常有价值的结果），这时就需要启动控制来维持任务状态。

Wills 等人（2007）也认为自我控制是一个多维度的构念，包括易安抚性（soothability）、有计划性（planfullness）、认知努力（cognitive effort）、冲动性（impulsiveness）、注意力涣散性（distractability）和没耐心（impatience）。前三个属于"好"自控（good self-control）的指标，后三个则属于"坏"自控（bad self-control）的指标。在"好"自控和"坏"自控的各个指标中，我们都能发现与启动控制和止动控制相应的部分。比如说，"好"自控的指标之一"易安抚性"就是一种高水平止动控制的状态（抑制不良情绪的自我控制力），而它的另一个指标"计划性"就是一种高水平启动控制的状态（督促自己按照计划行事的自我控制力）；而"坏"自控的指标之一"冲动性"就是一种低水平止动控制的状态（自我控制力不足以抑制不良冲动），而它的另一个指标"注意力涣散性"就是一种低水平启动控制的状态（自我控制力不足以启动目标相关行为）。Wills 等人（2007）这种看待自我控制力的方式将自我控制力看成是具有多个具体成分的结构，可以解释更多的行为结果。

综上所述，将自我控制区分为止动控制和启动控制具有理论上的支撑，而且有许多概念实际上也采取了与这种划分方法非常相似的处理。De boer 等人（2010）进一步通过实证研究为这种划分方法提供了有说服力的证据，并以这种理论为根据，设计了初步的测量工具。首先，他们选择了三个成型的自我控制量表中的项目作为项目库，其中包括：自我控制量表（Tangney et al., 2004）中的全部项目（36 个）、自我控制测查表（Self-Control Schedule, Rosenbaum, 1980）中的 21 个项目以及自我在控制量表（Ego-undercontrol scale, Letzring, Block, & Funder, 2005）中的全部项目（37 个）。共 94 个项目的项目库建立完毕之后，研究者请来 22 位心理学研究者（10 名临床心理学家，6 名组织行为学家，3 名认知心理学家，2 名生物心理学家和 1 名教育心理学家）来对这些项目进行评价，从中区分出描述止动控制的题目和描述启动控制的题目。为了让这些评价者对启动控制和止动控制的概念有统一清晰的认识，研究者特地对两者做出了以下说明：

"止动控制是一种针对脱离目标和个人希望的行为的自我控制，这种控制的目的在于不做某件事以及停止某个行为。也就是说，个体必须对自己加以控制才能不做那件事，控制不力的话就做了。而启动控制则是针对与目标和个人希望一致行为的自我控制，这种控制的目的在于要做某件事以及发起这一行为。但发起这一行为需要对自己加以控制和督促，否则这个行为就不会发生。"在每个评价者都理解这种概念后，研究者随机从项目库中为每个人抽取30个项目进行评价操作，要他们把每一个项目分配到"止动控制""启动控制"和"分不清楚"这三个选项中，每个项目都有至少6名不同的评估者进行评价。这样一来，那些在意义上模棱两可的项目就可以被排除，留下的全部是界限分明的止动控制项目和启动控制项目。经过这样的评价，大约有44个比较明确的项目被筛选出来。研究者再从这44个项目中选出内容上能够覆盖大部分自我控制领域的24个项目，构成一个初步的止动-启动控制量表，其中包括12个项目的止动控制分量表（项目示例：我想到什么就会嘴快说出来）和12个项目的启动控制分量表（项目示例：情绪不高的时候，我会尽力表现得活跃以改善自己的情绪）。

研究者招募了474名学生被试，要求他们在5点liket量表上（1=完全不符合我自己，5=完全符合我自己，2，3，4所述的符合程度在1和5之间，并依次提升）评价量表中的每一个项目所描述的状态与自己情况相符合的程度。数据回收后，研究者发现止动控制和启动控制的克伦巴赫系数分别为0.79和0.75。验证性因子分析的结果显示，两维度（止动和启动）模型的拟合指数要明显优于单因子结构。这一结果说明该量表具有比较理想的结构效度。研究者还考察了止动-启动控制与积极情绪、消极情绪、抽烟行为、酒精消费、锻炼时间以及学习时间之间的关系，结果发现：（1）止动控制与消极情绪有显著的负相关，与积极情绪无显著相关，而启动控制与积极情绪有显著r

的正相关，与消极情绪无显著相关；（2）止动控制与抽烟行为和酒精消费具有显著的负相关，而启动控制与这两种行为均无显著相关；（3）止动控制仅与学习时间有显著正相关，与锻炼时间无显著相关，启动控制也与学习时间有正相关，与锻炼时间无相关。这些结果在一定程度上说明，启动控制、止动控制与不同的情绪与行为变量相关，具有一定的区分效度。但同时它们也与共同的变量相关，体现了它们作为自我控制的一种，也有相似的效果。在 De Doer 等人（2010）的另一个研究中，通过对 226 名学生施测精简后的止动 - 启动控制量表（17 个项目），他们再一次为两因子结构提供了证据，并发现精简后的止动控制与抽烟行为和酒精消费具有显著的负相关，同时与学习时间有显著的正相关。而精简后的启动控制与学习时间和锻炼时间呈显著的正相关，同时与酒精消费呈显著的负相关。这些结果同样显示，启动控制和止动控制既有相同的成分，也有不同的要素。在理论和实证研究应用时，应该在一定程度上考虑两者的不同。

4　特质愤怒与自我控制

4.1　特质愤怒的整合认知模型

心理问题的认知模型最近在理论、实证以及临床上都得到了广泛的关注（Owen，2011）。这些模型的核心假设就是：心理问题（比如说情绪障碍）的持续很大程度上是因为个体对内外信息的认知加工过程出现偏差（Williams，Watts，MacLeod & Mathews，1997）。这种信息加工过程中的偏差使个体以适应不良的方式对经验进行反应，而这种适应不良的反应又会进一步加剧现存的信息加工偏差。这种解释也适用于高水平的特质愤怒者。Owen（2011）回顾了有关特质愤怒与认知过程关系的研究发现，高水平的特质愤怒与下述三种认知过程相关联：对敌意性社会线索的选择性注意，倾向于将别人的行为解释为具有敌意企图以及倾向于沉湎在过去的激发愤怒的体验中。

Wilkowski 和 Robinson（2008a）则在前人理论和实证研究的基础上建立了一个有关特质愤怒的整合认知模型（Integrative Cognitive Model，ICM，见图 1），试图为了解特质愤怒的认知基础提供一个更加完整全面的框架。特质愤怒的整合认知模型的要旨是，在接收到环境中的敌意刺激到产生愤怒和攻击倾向之间，个体习惯性的认知过程倾向起着重要的调节作用。特质愤怒水平高的人更容易产生自动的敌意解释偏差，这种认知进一步激发了自动的愤怒沉湎过程，使得愤怒和攻击倾向加剧。然而，当怒火升起来的时候，并不是所有人都会发火或攻击。特质愤怒水平低的人更可能使用高级控制机能来调整认知过程偏差，应对自己的愤怒；而特质愤怒水平高的人则不善于使用这种控制机能，因此无法调整自己的愤怒认知偏差。可见，高级控制机能在愤怒调控的过程中起着非常关键的作用。Wilkowski 等人（2008a）认为它克服愤怒的途径可能有三种：一是这种机能可以用来对情境进行再评价，这样就可以用不那么敌意的解释来替换早期的敌意性解释（Anderson & Bushman，2002；Ochsner & Gross，2004）；二是用来将注意从对敌意性信息的沉湎中转移开来，避免愤怒的加剧和持续（Mischel & Ayduk，2004；Posner & Rothbart，2000）；三是用来抑制愤怒倾向，阻止自己将这种情绪表达出来（DeWall，Baumeister，Stillman，& Gailliot，2007；Gross，1998）。

总而言之，高级控制机能不仅可以用于纠正导致愤怒的认知偏差，还可以用于抑制愤怒倾向本身，可以说是一种全方位的防护资源。而且，在特质愤怒的整合认知模型中，"敌意解读"是引起愤怒的罪魁，"愤怒沉湎"则会使愤怒体验加剧和延长，可说是"火上浇油"，这两者都是特质愤怒心理机制的消极层面。唯有高级控制机能具有减缓和中止愤怒及其后果的功效，它代表着人类的"理性"，属于特质愤怒心理机制的积极层面。所以，从高级控制机能的角度来理解特质愤怒刚好顺应了积极心理学运动的宗旨（Seligman & Csikszentmihalyi，2000）。

4.2 特质愤怒与人格测验评估的高级控制

采用人格测验来评估高级控制机能的这种思路把高级控制机能当成一种稳定的人格特质。发展心理学家一般通过父母或老师的报告来收集有关儿童自我控制能力的信息。他们一致发现，在控制能力上的个体差异和愤怒与攻击倾向总是呈现显著的负相关。例如，意志控制与挫折情景下的愤怒行为迹象（Calkins, Dedmon, Gill, Lomax, & Johnson, 2002; Kochanska, Murray, & Harlan, 2000）、观察者报告的特质愤怒（Gerardi-Caulton, 2000; Rothbart, Ahadi, & Hershey, 1994）以及观察者报告的特质攻击倾向（Eisenberg, Fabes, Guthrie, Murphy, Maszk, Holmgren, Suh, 1996; Rothbart et al., 1994）均呈现显著的负相关。而且，父母或教师报告的控制能力也对应着潜在愤怒情境下应对风格的有效性（Eisenberg, Fabes, Nyman, Bernzweig, & Pinuelas, 1994）和观察者报告的宜人性（Ahadi & Rothbart, 1994）。

在以成年人为被试的研究中，研究者一般采用自我报告法来评估个体的控制能力。他们也发现，自我报告的控制能力与自我报告的愤怒与攻击呈显著的负相关（Rothbart, Ahadi, & Evans, 2000）。同样地，自我报告的高水平控制能力对应着自我报告的低水平特质愤怒（Tangney, Baumeister, & Boone, 2004）。另外，自我报告的高水平冲动性（反映了较差的控制能力，Watson & Clark, 1999）能够预测高水平的反应性攻击倾向（Bettencourt et al., 2006）。可见，以成年人为被试得出的结果也为高级控制系统与愤怒倾向之间的负向关系提供了坚实的证据。

上述研究都将高级控制当成一种单维的结构，但如前文中已提到的，情况并非如此。对于自我报告法所反映的高级控制机能，De Boer, Van Hooft 和 Bakker（2010）认为应该区分出两种类型：止动控制和启动控制。这种区分将人的自我调控行为视为两种力的较量，一种是驱动做某事的力，一种是抑制做该事的力。止动控制的目的在于克服自己，不去做那些短期看来诱人，但长期看来不利的行为；而启动控制的目的则在于激励自己，要做那些短期看来没劲，但长期看来有利的行为。他们用验证性因子分析证明了这种双因子结构的有效性，并发现两种控制对应着不同的情绪和行为结果。具体而言，止动控制与负性情绪呈显著的负相关，与正性情绪不相关；而启动控制与正性情绪呈显著的正相关，与负性情绪不相关。另外，止动控制是烟酒消费行为的最佳预测变量，而启动控制是学习和锻炼行为的最佳预测变量。总之，两种控制显示出截然不同的意义和功能。

那么，这两种类型的控制（止动控制 VS 启动控制）与特质愤怒的关系会不一样吗？研究发现，高级控制的不同成分对特质愤怒的预测功能是不同的。具体而言，止动控制和启动控制都能独立地预测特质愤怒。另外，考虑到愤怒情绪在动机上体现为趋向性而非规避性（Carver & Harmon-Jones，2009），而且尽管愤怒与行为激活系统和行为抑制系统都有关系，但以青年人为被试的研究数据显示它与行为激活的关联更强（Smits & Kuppens，2005），因此，我们特别关注启动控制与特质愤怒的关系。对于抑制性的止动控制而言，其作用自然是减弱愤怒，那么止动控制与特质愤怒的关系自然是负向的；而对于激活性的启动控制，其关系的性质还难以判断。

4.3 认知任务评估的高级控制与特质愤怒

对高级控制能力更为客观的评估方法是设置各种认知任务来检查个体克服不正确反应的能力（Posner & Rothbart，2000； Rueda et al.，2004）。类似的认知行为任务中比较典型的有 Stroop 任务（Stroop，1935）和侧蔽任务（Eriksen & Eriksen，1974）。它们都能同时激活两个认知表征（例如，词的颜色和词的意义），要求被试抑制与正确反应无关的表征，并根据正确的表征做出反应。这种研究的思路是，如果个体在这种任务上表现不佳，则说明他的控制能力不强，那么他会有较高水平的愤怒和攻击倾向。

最近的一项元分析发现，以认知行为任务评估的控制能力与反社会行为倾向在临床样本中呈显著的负相关（Morgan & Lilienfeld，2000）。而在非临床的样本中，这样的关系也已经见诸文献。控制能力不好的人（如在 Stroop 冲突任务中表现较差）的宜人性水平比较低（Cumberland-Li, Eisenberg, & Reiser, 2004；Jensen-Campbell, Rosselli, Workman, Santisi, Rios, & Bojan, 2002），一般攻击水平（Giancola, Mezzich, & Tarter, 1998；Séguin, Boulerice, Harden, Tremblay, & Pihl, 1999；Toupin, Deéry, Pauzeé, Mercier, & Fortin, 2000）、具体的反应性攻击水平（Giancola, Moss, Martin, Kirisci, & Tarter, 1996）以及特质愤怒水平（Gerardi-Caulton, 2000；Kochanska, Murray, & Harlan, 2000）都比较高。所以，由认知任务法得出的结果说明，高级控制系统与愤怒倾向之间存在明显的负向相关关系。

Wilkowski 和 Robinson（2007，2008b，2011）从另外一个角度考察了特质愤怒和高级控制能力之间的关系。他们的研究结果显示，若时间充裕，特质愤怒水平低的被试受敌意刺激的影响明显少于特质愤怒水平高的被试；而当时间有限时，被试来不及使用认知控制机能，特质愤怒水平低的被试受敌意刺激影响的程度则基本等同于特质愤怒水平高的被试。在另一个研究中，研究者先激活被试的敌意或非敌意想法，然后立即让其完成一个字母判断任务。结果发现，特质愤怒水平低的被试在敌意想法被激活的情况下表现出了第二任务的水平下降。这说明他们感应到敌意想法后就自动使用了高级控制资源，导致"自我损耗"。这些结果说明，特质愤怒水平低的被试能在敌意想法的启动下自动提取高级控制资源，但特质愤怒水平高的被试却不能。在后来的研究中，Wilkowski 和 Robinson（2008b）进一步验证了这个现象。他们先用词启动被试的敌意或非敌意想法，再测量他的高级控制能力。结果发现，敌意词启动了特质愤怒水平低者的高级控制能力，却不能对特质愤怒水平高的人造成这样的影响。

上述实证研究显示，特质愤怒水平较低的人和较高的人在高级控制机能上的差异可能体现在两个方面：一是总量上的差别，即水平低者的高级控制能力比水平高者强大，因而更善于控制愤怒；二是运作机制上的差别，即水平低者的目标系统（例如，原谅目标）与敌意信息有冲突，因而任何敌意刺激的侵入都会引发高级控制系统的处理；而水平高者的目标系统与敌意信息并不抵触，系统探测不到冲突，高级控制机能就不会起作用（Wilkowski & Robinson，2011）。两种看法都得到了大量的实证支持。总而言之，高级控制机能的缺乏或失灵对应着高水平的特质愤怒，这是用反应时技术评估控制机能所得出的结论。

4.4　认知控制与社会情绪控制之分

由上述内容可知，有关高级控制机能与特质愤怒之间的关系，现有的实证研究采用多种对高级控制的评估方式（包括人格问卷和反应时技术），得出一致的结论。那这是否意味着用不同方式评估的高级控制在内涵上是完全一致的？它们所反映的特质愤怒内部机制也完全一致？如前所述，情况并非如此。不仅人格测验所反映的高级控制本身的成分并不单纯（De Boer，Van Hooft & Bakker，2010），人格测验与反应时技术所反映的高级控制也不能混为一谈。

有研究者认为，反应时技术所评估的高级控制属于执行功能，而人格测验所评估的高级控制则属于社会情绪控制（MacDonald，2008）。而执行功能（认知控制）和社会情绪控制是两大类不同的高级控制（Blair & Razza，2007；Zelazo & Cunningham，2007）。两者的相同之处在于它们都反映了个体克服强势反应和助长弱势反应的能力。然而，社会情绪控制一般限于对社会情绪反应的调控，需要这种控制的情景中必有积极（或消极）诱因引发的强势情绪或动机；而执行功能则主要集中于对认知过程的调控，需要执行功能施加控制的认知过程一般在情绪上是中性的。前者可以使人调节自己的趋避行为倾向，超越即时的苦与乐。而后者则通过注意转换，工作记忆以及抑制控制等认知过程来开展计划，问题解决以及目标导向活动（Miyake，Friedman，Emerson，Witzki，& Howerter，2000）。两者的中枢分布在前额叶的不同区域（MacDonald，2008）。具体而言，执行功能的中枢分布在右额下回（inferior frontal gyrus），前额叶皮层的背外侧和前扣带回的背侧（the dorsal anterior cingulated cortex）等区域，而社会情绪控制的中枢则集中于前额叶的腹内侧（ventromedial PFC），特别是前额叶皮质中内侧眶皮层和前扣带回的腹侧（the ventral anterior cingulated cortex）等区域。

由此可见，执行功能和社会情绪控制代表着不同的控制功能。前者所控制的优势反应倾向主要是诸如注意转移以及短时记忆中的执行加工等的认知反应；后者所控制的优势反应倾向并非认知反应，而是社会情绪反应。可见，自我报告的人格测验所反映的高级控制与反应时技术所反映的高级控制在内涵上并不完全一致。那么，两者所反映的特质愤怒内部机制是否也应该有所差异呢？我们的研究正试图证明这一点。

第四部分　两个实证研究

1　第一个研究：替代攻击量表的修订

本研究拟修订 DAQ，收集其中文版的心理测量学指标，为在中国开展替代攻击的研究提供一个可靠有效的工具。

1.1　对象与方法

1.1.1　被试

共有 449 名学生参与了这项研究。他们来自于武汉的各大高校，其中男生 154 人，女生 287 人，有 8 人没有报告性别。在这些学生中，有 352 名学生参与了有关量表结构效度的数据收集，另外 97 名学生参加了量表的重测信度的数据收集（有 8 名学生没能参加第二个时间点的施测）。

1.1.2　测量工具

替代攻击量表（DAQ，Displaced Aggression Questionnaire）共有 31 个项目，用来评估个体在愤怒沉湎（Angry Rumination）、复仇计划（Revenge

Planning）以及替代攻击（Displaced Aggression）等维度上的个体差异。被试在 5 点 likert 量表的标尺上作答诸如"我会迁怒于无辜的人"之类的题目，得分范围从 0（非常符合）到 4（非常不符合）。

自我控制量表（self control scale，Tangney，Baumeister，& Boone，2004）。前者有 36 个项目，主要针对自我控制能力，包括克服坏习惯，抵制诱惑以及维持好的自律等（例如，我很难中止坏习惯），有些项目为反向记分。被试在 5 点 likert 量表的标尺上作答，得分范围从 0（一点也不像我）到 4（非常像我）。量表总分越高，说明其自我控制能力越强。

状态 - 特质愤怒表达量表（STAXI-2，Spielberger，1999）中的特质愤怒（T-anger，trait anger）和愤怒表达（AX，anger express）分量表。特质愤怒量表共 10 个项目，而愤怒表达量表共 32 个项目，包括外在表达（AX/Out）、内在表达（AX/In）、外在控制（AX/con-out）和内在控制（AX/con-in）等四个分量表。愤怒表达 = 外在控制 + 内在控制 -（外在表达 + 内在表达）。被试在 4 点 likert 量表的标尺上作答，得分范围从 0（几乎从不如此）到 3（几乎总是如此）。

迷你国际人格项目库（Mini-IPIP，Donnellan，Oswald，Baird，& Lucas，2006）有 20 个项目，用来评估个体在神经质、外向性、开放性、宜人性和责任性上的个体差异，例如，我是聚会上的灵魂人物。有些项目为反向记分。被试在 5 点 likert 量表的标尺上作答，得分范围从 0（一点也不像我）到 4（非常像我）。Mini-IPIP 具有良好的重测信度、聚合效度、区分效度和效标关联效度，在这些指标上与 NEO 及其他的大五量表相当。

Barratt 冲动性量表（BIS，Barratt，1959）共有 30 个项目。量表分为三个维度：注意力冲动性（Attentional Impulsiveness，Iat）、运动冲动性（Motor Impulsiveness，Im）和无计划冲动性（Nonplanning Impulsiveness，Inp），有些项目为反向记分。被试在 4 点 likert 量表的标尺上作答诸如"我做事不经大脑"之类的题目，记分的含义分别为：0= 从不；1= 偶尔；2= 经常；3= 总是。

1.1.3　研究程序

对于 DAQ 的翻译，本研究采用回译程序（Brislin，1970）。首先，研究者将英文原版的项目翻译成中文。接着再请另外的译者将这个中文版回译成英文。将回译版与原版相互比照，并请第三者进行评价，看两个版本中相对应的项目是否有较大的差异。最后，经过讨论，对相关中文版项目的措辞进行修整，再请人回译成英文与原版相互比照。如此反复几次，直到两个版本的项目在意义上完全对等为止。译者、回译者以及比照者都是人格心理学领域的专家，并同时精通英文和中文。

问卷的实施对象是武汉市武昌区的几个高校中的大学生。得到校方授权后，我们以班级为单位分发问卷，并训练班上的老师作为主试。与重测信度有关的施测均由研究者亲自实施，重测之间的时间间隔是三周。

1.1.4　数据分析

为了验证修订版 DAQ 的三维结构，我们实施了验证性的因子分析。模型假定 DAQ 的 31 个项目分别归属于 3 个维度：愤怒沉湎（10 个项目）、复仇计划（11 个项目）和行为上的替代攻击（10 个项目）。

验证性因素分析利用软件 LISREL 8.72（Jöreskog & Sörbom，1993），采用极大似然法进行估计，并允许三个因子互相相关。模型拟合度的指标选用 RMSEA（the root-mean square error of approximation；该值小于 0.08 时说明拟合程度较好），CFI（the comparative fit index；该值大于 0.90 时说明拟合程度较好）以及 TLI（the Tucker-Lewis index；该值大于 0.90 时说明拟合程度较好）（Browne & Cudeck，1993）。

另外，我们还利用软件 SPSS13.0 考察了 DAQ 的每个维度与自我控制、冲动性、"大五"、特质愤怒以及愤怒表达等特质的相关，以提供有关聚合效度与区分效度的信息。

1.2 结果

1.2.1 内部一致性信度与重测信度

表 1 列出了修订版 DAQ 与原版 DAQ 在内部一致性系数和重测信度上的对照表。可见，不管是内部一致性系数还是重测信度，DAQ 的中文版均与原版相当。

表 1 DAQ 原版与修订版的信度系数比较

		愤怒沉湎	复仇计划	替代攻击
克伦巴赫 α 系数	原版	0.93	0.93	0.93
	修订版	0.90	0.92	0.88
重测信度	原版（四周）	0.80**	0.75**	0.78**
	修订版（三周）	0.76**	0.79**	0.77**

注：** 相关在 0.01 水平上显著 . * 相关在 0.05 水平上显著

1.2.2 结构效度

验证性因子分析的结果显示，DAQ 中文版的三因子结构的各项拟合度指标都显示数据与模型具有较好的拟合：x^2（431，N=352）=1490.53； df=431；RMSEA（90%CI）=0.068（0.063；0.073）；TLI =0.97；CFI =0.97。与愤怒沉湎因子对应的项目在其之上的平均因子载荷为 .64（0.37–0.83）；与复仇计划因子对应的项目在其之上的平均因子载荷为 .71（0.43–0.82）；与替代攻击因子对应的项目在其之上的平均因子载荷为 .65（0.37–0.82）。三个因子呈中等程度的相关。这些结果说明，DAQ 中文修订版符合原量表的因子结构。

1.2.3 会聚效度与区分效度

表 2 报告了 DAQ 原版与修订版每个维度与其他变量相关系数的对照表。由表可知，原版 DAQ 与修订版 DAQ 的每个维度与冲动性、外向性、尽责性、神经质、开放性、特质愤怒以及愤怒表达的相关模式大同小异，均显示出较

好的会聚效度与区分效度。两者的分歧体现在与宜人性的相关上：原版 DAQ 的每个维度与宜人性均有中等及以上的负相关，而修订版 DAQ 的三个维度与宜人性仅有微弱的负相关。另外，本研究还发现修订版 DAQ 的每个维度与自我控制均呈现中等程度的负相关，这是原版没有涉及的变量。

表 2　DAQ 原版与修订版的会聚效度与区分效度对照表

	克伦巴赫 α 系数	愤怒沉湎		复仇计划		替代攻击	
		原版	修订版	原版	修订版	原版	修订版
自控	0.89	\	−0.45**	\	−0.35**	\	−0.49**
冲动性	0.80	0.38*	0.41**	0.31*	0.37**	0.43*	0.41**
外向性	0.72	0.24	−0.14**	0.17	−0.09	0.13	−0.05
宜人性	0.57	−0.53*	−0.16**	−0.71*	−0.21**	−0.60*	−0.11*
尽责性	0.52	−0.35*	−0.30**	−0.27*	−0.26**	−0.30*	−0.29**
神经质	0.72	0.62*	0.51**	0.42*	0.32**	0.54*	0.43**
开放性	0.69	0.01	−0.16**	0.11	−0.10	0.11	−0.18**
特质愤怒	0.86	0.53*	0.46**	0.54*	0.46**	0.63*	0.58**
愤怒表达	0.70	0.41*	0.49**	0.45*	0.47**	0.59*	0.51**

注：** 相关在 0.01 水平上显著；* 相关在 0.05 水平上显著

1.3　讨论

为了给在中国开展有关替代攻击的研究提供一个可靠有效的工具，本研究修订了替代攻击量表（DAQ）。在修订过程中，我们实施了 DAQ 中文版的重测，对其三维结构进行了验证性的因子分析，并考察了其每一个维度与其他一些重要变量的相关。通过将本研究收集到的信息与原量表的心理测量学指标进行对照，我们发现，DAQ 中文版不仅拥有与原版相同的因子结构、相当的信度系数，而且在与其他变量的相关上也与原版有着大体相似的模式。

虽然有些特质（如自我控制）受文化因素的影响，使量表中的一些项目不得不根据中国的实际进行修改，才可能更符合原作者的理论构想（谭树华 & 郭永玉，2008），但在修订中文版 DAQ 的过程中并没有实施这种操作，却也能够与原版的理论构想相吻合。例如，我们发现特质替代攻击的各个维度与自我控制具有中等程度的负相关，这很符合西方学者对两者关系的理论假设（Wilkowski & Robinson, 2008）。这些信息在一定程度上说明特质替代攻击具有跨文化的普适性。然而，本研究也确实发现，原版 DAQ 与中文版 DAQ 在与宜人性相关的模式上差异较大，这种差异的机制值得进一步探索。

　　总的说来，DAQ 中文版具有良好的心理测量学品质，适用于以中国大学生为对象的研究与临床实践。另外，特质替代攻击似乎既有文化的普适性的一面，也有文化特异性的一面，今后应该开展跨文化研究来对它的这两面性进行更加广泛细致的探索。

2　第二个研究：特质愤怒与自我控制的关系

　　如前所述，高级控制功能可以细分为各种子功能，每种子功能对于我们理解特质愤怒具有不同的意义。也就是说，我们仅仅了解一个人的特质愤怒水平比较高是因为他的高级控制功能出了问题还不够，还应该了解他到底在高级控制功能的哪一部分出了问题。这样才能具体情况具体分析，做到"对症下药"。

2.1　研究内容

　　为了证明这种认识的合理性，我们将一共开展三个部分的研究：

　　第一部分旨在考察以人格问卷评估的高级控制——自我控制——的维度，并探索不同维度对特质愤怒的独特预测作用。由于特质愤怒与高级控制功能之间关系的研究在中国背景下是空白，而情绪变量的效应有时会出现很大的文化差异（Butler, Lee, & Gross, 2007, 2009），因此，我们首先会在中国文化背景下验证特质愤怒与高级控制功能之间的关系；在此基础上，我们接着会验证止动控制和启动控制的双因子结构，并考察两个因子对特质愤怒的独立预测作用。第一部分研究的假设为：

　　Hypothesis 1: 在中国文化背景下，个体在自我控制量表上的得分与其在特质愤怒量表上的得分呈显著的负相关。

Hypothesis 2: 自我控制量表更适合以两维结构（止动控制和启动控制）来描述，两维结构比单维结构更加拟合数据。

Hypothesis 3: "止动控制"与"启动控制"都能独立地预测特质愤怒，两者与特质愤怒呈显著的负相关。

第二部分旨在同时考察以人格问卷和反应时两种技术评估的高级控制对特质愤怒的独特预测作用。同样出于排除文化变异的影响，我们首先会在中国文化背景下验证特质愤怒与反应时技术评估的高级控制之间的关系；在此基础上，我们会接着验证两种评估方式所反映的高级控制对特质愤怒的独立预测作用。第二部分研究的假设包括：

Hypothesis 1: 在中国文化背景下，个体在敌意启动的认知控制任务上的成绩与其在特质愤怒量表上的得分呈显著的负相关。

Hypothesis 2: 敌意启动的认知控制（执行功能）与个体在自我控制量表上的得分（包括"止动控制"与"启动控制"）均呈较弱的正相关或不相关。

Hypothesis 3: "止动控制"、"启动控制"以及敌意启动的高级控制都能显著且相对独立地预测个体的特质愤怒水平。

如果前两部分研究的假设能够得到验证，其提供的信息能让我们知道以不同方式评估的高级控制对于理解特质愤怒而言具有不同的意义。但也仅此而已，我们还无法知道这两种方式评估的高级控制是否分别通过不同的高级控制子功能来影响个体的特质愤怒水平。我们的第三部分研究旨在解决这一问题。在第二部分研究的基础上，我们纳入了"愤怒控制"这一变量，其社会情绪控制部分以 STAXI-2（Spielberger，1999）中的愤怒控制倾向（包括控制外怒和控制内怒）来评估，其认知控制部分以注意分散任务（Wilkowski，Robinson，& Meier，2006）来评估，即从敌意信息上转移注意力的能力。我们假设两种方式评估的高级控制、两种方式评估的愤怒控制以及特质愤怒等变量之间呈下图所示的关系：

Hypothesis 1: "敌意信息的注意分散"可以部分中介"敌意启动的高级控制"

与特质愤怒之间的关系，但不能部分中介"自我控制"与特质愤怒之间的关系。

Hypothesis 2："愤怒控制倾向"可以部分中介"自我控制"与特质愤怒之间的关系，但不能部分中介"敌意信息的注意分散"与特质愤怒之间的关系。

2.2 研究意义

本研究的宗旨是为高水平的特质愤怒者的诊断提供功能明确的工具，以帮助咨询师在临床上对高水平的特质愤怒者进行干预。前文曾经提到，与愤怒有关的问题常常是人们寻求专业帮助的主要原因（Lachmund，DiGiuseppe & Fuller，2005），而与愤怒有关的问题也很早就在临床上得到关注（Novaco，1976）。尽管如此，DSM-IV却没有将愤怒或高水平的特质愤怒者单独列为一种精神障碍（Owen，2011）。这意味着，尽管临床医生们在日常工作中经常碰到与愤怒有关的问题，但这种问题却并没有作为一种心理障碍被正式认可。这种状况显然不利于高水平的特质愤怒者的诊断。

Owen（2011）认为，既然高水平的特质愤怒者暂时还没有成为一个精神障碍类别，那么对它的诊断可以采用超诊断（transdiagnosis）的视角。这种诊断方式关注各种精神障碍之间的共通特征，与DSM-IV将各种精神障碍根据其特殊性分门别类的方式形成鲜明的对比。很多研究发现，看似不同的心理问题的内在心理过程之间其实存在着重要的共通之处（Harvey，Watkins，Mansell，& Shafran，2004；Hayes，Wilson，Gifford，Follette & Strosahl，1996），这些共通的元素也存在于高水平的特质愤怒者之中（Owen，2011），而高级控制机能正是其中之一。例如，抑郁症和高水平的特质愤怒者都可以从高级控制系统失灵这个方面来理解（Holmes & Pizzagalli，2008；Siegle，Thompson，Thase，Steinhauer，Carter，2007；Wilkowski & Robinson，2007，2008a）。从这个意义上讲，辨析用不同工具所反映的高级控制机能与特质愤怒之间关系的微妙差别，可以为高水平的特质愤怒者的临床诊断和处理提供更加细致明确的信息。

很显然，如果不区分问卷得分和反应时所反映的高级控制机能，那么我们根据这两种工具对高水平的特质愤怒者进行临床诊断时得出的结论就相当笼统，即此人的高级控制机能不足。如果两种工具的功能得到明确的区分，那么我们就能得出更加精确的结论，即此人因哪种控制机能不足而导致高水平的特质愤怒者。这样一来，治疗师就可以根据这种信息有针对性地进行干预。这也是本研究的核心价值所在。

2.3 第一部分研究：社会情绪控制与特质愤怒

如前所述，研究一旨在考察以人格问卷评估的高级控制——自我控制——的维度，并探索不同维度对特质愤怒的独特预测作用。为了达到这些目的，我们首先需要一个或一批能够很好把握自我控制这一构念，并且具有良好的心理测量学属性的自我控制量表。因此，在研究一中，我们首先修订了Tangney 等人（2004）编制的自我控制量表，考察其重测信度、聚合效度、区分效度以及预测效度等心理测量学的属性，并考察它与愤怒相关变量（尤其是特质愤怒）之间的关系。然后，我们再纳入"止动控制"和"启动控制"的构想，考察自我控制这一构念的结构。如果其双因子结构得到验证，则考察止动控制和启动控制对特质愤怒的独特预测作用。

2.3.1 研究被试

2.3.1.1 聚合/区分效度被试

来自于武汉和北京的高校，共 352 人。其中男生 132 人，女生 212 人，还有 8 人没有报告性别。155 人来自农村，180 人来自城市，17 人没有报告来源地。年龄范围为 16~30 岁（M=2.6，Std=1.98）。

2.3.1.2 重测信度被试

来自于武汉和北京的高校，共 97 人。其中男生 21 人，女生 68 人，还有 8 人没有报告性别。31 人来自农村，53 人来自城市，13 人没有报告来源地。年龄范围为 16~28 岁（M=19.4，Std=1.81）。

2.3.1.3 预测效度被试

来自北京的企业，共 934 人。其中男性被试 889 人，女性被试 33 人，另有 12 人没有报告性别。年龄范围为 21~62 岁（$M = 35.2$，$Std = 6.60$）。

2.3.1.4 结构效度被试

来自北京的高校，共 156 人。其中男生 50 人，女生 105 人，还有 1 人没有报告性别。61 人来自农村，95 人来自城市。没有要求这部分被试填答有关年龄的信息。

2.3.2 测量工具

2.3.2.1 自我控制量表

自我控制量表（self control scale，Tangney，Baumeister，& Boone，2004）和双因子自控量表（De Boer，Van Hooft & Bakker，2010）。前者有 36 个项目，主要针对自我控制能力，包括克服坏习惯，抵制诱惑以及维持好的自律等（例如，"我很难中止坏习惯"、"我擅长抵制诱惑"等），有些项目为反向记分。被试在 5 点 likert 量表的标尺上作答，得分范围从 0（一点也不像我）到 4（非常像我）。量表总分越高，说明其自我控制能力越强。Tangney 等人（2004）又从 36 个项目中选出 13 个项目，组成了一个简版的自我控制量表。双因子自控量表有 17 个项目，其中 9 个项目属于止动控制因子，几乎全部来自于自我控制量表；另有 8 个项目属于启动控制因子，几乎全部来自于自我控制日常测查表（Self Control Schedule，Rosenbaum，1980）。在我们的研究中，自我控制量表以及简版自我控制量表都具有良好的心理测量学属性。其中，自我控制量表的内部一致性系数为 0.889，两个星期的重测信度为 0.834；而简版自我控制量表的内部一致性系数为 0.778，两个星期的重测信度为 0.766。被试在全版量表和简版量表上的得分相关为 0.90。

2.3.2.2 特质愤怒量表

状态 – 特质愤怒表达量表（STAXI–2，Spielberger，1999）有 57 个项目，用来评估个体在状态愤怒（S–anger，state anger）、特质愤怒（T–anger， trait anger）、愤怒表达（AX，anger express）等维度上的个体差异。状态愤怒共 15 个项目，包括愤怒体验（feeling angry，S-anger/F）、语言攻击（feel like express anger verbally，S-anger/F）和身体攻击（feel like express anger physically，S-anger/F）等三个分量表。本研究不涉及状态愤怒，因此没有纳入状态愤怒的项目。特质愤怒共 10 个项目，包括愤怒气质（angry temperament，T-anger/T）和愤怒反应（angry reaction，T-anger/R）两个分量表。愤怒表达共有 32 个项目，包括外在表达（AX/Out）、内在表达（AX/In）、外在控制（AX/con-out）和内在控制（AX/con-in）等四个分量表，整个愤怒表达维度的得分遵循公式：外在表达 + 内在表达 -（外在控制 + 内在控制）。被试在 4 点 likert 量表的标尺上作答，得分范围从 0（几乎从不如此）到 3（几乎总是如此）。STAXI-2 中不存在反向记分的项目。在本研究中，各个分量表的内部一致性系数分别为：特质愤怒（0.863）、外在表达（0.669）、内在表达（0.736）、外在控制（0.808）以及内在控制（0.803）。

2.3.2.3　大五人格量表

迷你国际人格项目库（Mini-IPIP，Donnellan，Oswald，Baird，& Lucas，2006）有 20 个项目，是 50 个项目的国际人格项目库——大五模型量表（Goldberg，1999）的简版。Mini-IPIP 用来评估在神经质、外向性、开放性、宜人性和责任性上的个体差异（例如，"我是聚会上的灵魂人物"、"我的情绪常常波动"等），有些项目为反向记分。被试在 5 点 likert 量表的标尺上作答，得分范围从 0（一点也不像我）到 4（非常像我）。Mini-IPIP 显示出良好的重测信度、聚合效度、区分效度和效标关联效度，在这些指标上与 NEO 及其他的大五量表相当。在本研究中，各个分量表的内部一致性系数分别为：外向性（0.718）、宜人性（0.571）、尽责性（0.515）、神经质（0.724）以及开放性（0.694）。而两星期的重测信度分别为：外向性（0.876）、宜人性（0.605）、尽责性（0.646）、神经质（0.758）以及开放性（0.704）。

2.3.2.4　冲动性量表

Barratt 冲动性量表（BIS，Barratt，1959）共有 30 个项目。量表分为三个维度——注意力冲动性（Attentional Impulsiveness, Iat）、运动冲动性（Motor Impulsiveness, Im）和无计划冲动性（Nonplanning Impulsiveness, Inp），有些项目为反向记分。被试在 4 点 likert 量表的标尺上作答，诸如"我做事不经大脑"等题目，记分的含义分别为：0 = 从不；1 = 偶尔；2 = 经常；3 = 总是。在本研究中，三个分量表的内部一致性系数分别为：注意力冲动性（0.764）、运动冲动性（0.665）和无计划冲动性（0.582）。

2.3.2.5 人际关系性量表

人际关系性量表（IR, Cheung, Leung, Fan, Song, Zhang, & Zhang, 1996）共有 24 个项目，用来评估在和谐、人情（关系导向）、面子、节俭、变通性和传统性等中国本土人格特征上的个体差异，有些项目为反向记分。被试在 5 点 likert 量表的标尺上作答诸如"请人家吃饭，一定要体面"之类的题目，得分范围从 0（非常不同意）到 4（非常同意）。人际关系性量表的得分取总分。在本研究中，其内部一致性系数为 0.732，两周重测信度为 0.836。

2.3.2.6 愤怒沉湎量表

愤怒沉湎量表（anger rumination scale, Sukhodolsky, Golub, & Cromwell, 2001）共有 19 个项目，用来评估个体在愤怒回溯（Angry afterthoughts）、复仇念头（Thoughts of revenge）、愤怒记忆（Angry Memories）以及事因理解（Understanding of Causes）等维度上的个体差异。被试在 5 点 likert 量表的标尺上作答诸如"生活中的一些事儿让我感到愤怒"之类的题目，得分范围从 0（非常符合）到 4（非常不符合）。在本研究中，各个分量表的内部一致性系数为：愤怒回溯（0.705）、复仇念头（0.659）、愤怒记忆（0.730）以及事因理解（0.603）；两周重测信度为：愤怒回溯（0.666）、复仇念头（0.699）、愤怒记忆（0.641）以及事因理解（0.574）。

2.3.2.7 替代攻击量表

替代攻击量表（Displaced Aggression Questionnaire, Denson, Pederson, & Miller, 2005）共有 31 个项目，用来评估在愤怒沉湎（Angry Rumination）、

复仇策划（Revenge Planning）以及替代攻击（Displaced Aggression）等维度上的个体差异。被试在5点likert量表的标尺上作答诸如"我会迁怒于无辜的人"之类的题目，得分范围从0（非常符合）到4（非常不符合）。在本研究中，各个分量表的内部一致性系数为：愤怒沉湎（0.897）、复仇策划（0.917）以及替代攻击（0.875）。两周重测信度为：愤怒沉湎（0.756）、复仇策划（0.792）以及替代攻击（0.773）。

2.3.2.8 意志控制量表

意志控制量表（Effortful Control Scale，Derryberry & Rothbart，1988）共有19个项目，用来评估个体在激活控制（Activation Control）、注意控制（Attentional Control）以及抑制控制（Inhibitory Control）等维度上的个体差异。被试在5点likert量表的标尺上作答诸如"我约会常常迟到"之类的题目，得分范围从0（非常符合）到4（非常不符合）。在本研究中，各个分量表的内部一致性系数为：激活控制（0.455）、注意控制（0.587）以及抑制控制（0.599）。

2.3.2.9 情绪表达量表

情绪表达量表的项目来自于伯克利情绪表达问卷（Berkeley Expressivity Questionnaire，Gross & John，1997）和情绪表达量表（Emotional Expressivity Scale，1994）。前者16个项目，后者17个项目。被试在5点likert量表的标尺上作答诸如"我是一个情绪外显的人"之类的题目，得分范围从0（非常符合）到4（非常不符合）。将这些项目同时纳入探索性的因子分析，删去双重符合之差小于0.25的项目后，我们最终得到26个项目的情绪表达量表。探索性因子分析的结果提示量表是个两因子结构：情绪外显因子（Emotion Expression，14个项目）和情绪内敛因子（Emotion Inhibition，12个项目）。验证性因子分析的结果证实两因子的结构（SBx^2=738.35；df=298；RMSEA =0.065；NNFI=0.95；CFI=0.95）比单因子结构（SBx^2=2145.46；df=299；RMSEA=0.133；NNFI=0.80；CFI=0.81）更加拟合数据。在本研究中，各个分量表的内部一致性系数为：情绪外显（0.884）和情绪内敛（0.873）。两周重测信度为：情绪外显（0.798）和情绪内敛（0.724）。

2.3.2.10 亚健康量表

亚健康量表（张建新，2008）共有 74 个项目，用来评估在躯体问题、正性情绪、负性情绪、记忆问题、感觉问题、注意问题、思维问题、认知问题、行为问题、自我功能问题、社会功能问题、工作问题、家庭问题以及社会交往问题等症状上的个体差异。被试要评估自己近三个月来某些身体或心理状况（如"忘记计划要做的事"）出现的频率，被试在 5 点 likert 量表的标尺上作答，记分的含义分别为：0= 从不；1= 偶尔；2= 有时；3= 经常；4= 总是。除了正性情绪外，被试在分量表上得分越高，说明其在该维度上的健康状况越差。在本研究中，各个分量表的内部一致性系数分别为：躯体问题（0.891）、正性情绪（0.876）、负性情绪（0.851）、记忆问题（0.733）、感觉问题（0.797）、注意问题（0.749）、思维问题（0.734）、认知问题（0.862）、行为问题（0.802）、自我功能问题（0.892）、社会功能问题（0.863）、工作问题（0.747）、家庭问题（0.722）以及社会交往问题（0.844）。

2.4 研究程序

对于自我控制量表的翻译，我们采用了回译程序（Brislin，1970）。首先，研究者将英文原版的项目翻译成中文。接着再请另外的译者将这个中文版回译成英文。将回译版与原版相互比照，并请原作者进行评价，看两个版本中相对应的项目是否有较大的差异。最后，根据原作者提出的建议，对相关中文版项目的措辞进行修整，再请人回译过去请作者评价。如此反复几次，直到回译版与原版在意义上完全对等为止。译者和回译者都是人格心理学领域的专家，并都同时精通英文和中文。

数据的收集时间集中于 2010 年的秋季。得到校方授权后，我们以班级为单位分发问卷，并训练班上的老师作为主试。当学生拿到问卷后，首先由老师指导他们通读问卷首页的答题说明，等被试读完后问"还有什么不清楚的地方请举手提问"，然后回答学生的疑问。等被试的疑虑解除后，宣布"开始答题"。与重测信度有关的施测均由研究者亲自负责。来自企业的被试是委托该大型国有企业的职业病防治研究所分发给他们的员工，并负责施测。

2.5　数据分析

整个研究一的数据分析主要采用了 SPSS13.0 以及 LISREL8.72，分析内容包括自我控制量表的信效度分析以及结构分析。自我控制量表以及其他一些量表的内部一致性信度和重测信度在测量工具描述中已经报告，下面将介绍自我控制量表的效度分析和结构分析。

2.5.1　自我控制量表的效度分析

我们用被试在 Barratt 冲动性量表、意志控制量表、迷你 IPIP、人际关系性以及情绪表达性量表上的得分作为自我控制量表效标关联效度的指标。冲动性是自我控制的反面，在冲动性量表上得分高的人自控能力自然会比较差，因此，冲动性与自我控制应该呈现显著的负相关。而意志控制与自我控制都试图把握个体克制自己冲动的能力和倾向，因此两者应该呈现出显著的正相关。另外，大五人格维度中的宜人性和尽责性反映了个体自我克制和自律的个性特征，因此，也应该与自我控制呈现显著的正相关；而外向性和开放性与自我控制并无理论上的瓜葛，自然就没有相关。另外，情绪表达量表中的情绪外显与情绪内敛是情绪自我调控的不同表现形式，因此也会与自我控制有一定程度的相关。考察这些变量与自我控制的相关状况就能提供自我控制量表的聚合效度和区分效度的证据。另外，Tangney 等人（2004）的研究已然说明高水平的自我控制对应着更好的社会适应，较低的心理病理症状以及较好的人际关系。为了提供有关自我控制量表的预测效度的证据，我们将考察自我控制与各种亚健康症状之间的相关。

2.5.2　自我控制量表的结构分析

为了验证修订版的自我控制量表的相对拟合度，我们对两个模型进行了验证性的因子分析。模型一假定所有的选出项目反映了一个内在维度，及自我控制；模型二则认为这些项目反映了一个两因子结构，一个因子是止动控制，另一个因子是启动控制。验证性因素分析利用的软件是 LISREL8.72（Jöreskog & Sörbom，1993）。

我们选择 x^2 值作为模型拟合的指标。但因为这个指标容易因为样本容量改变而波动（Byrne，1998；Hu & Bentler，1999；Loehlin，1998；Tabachnick & Fidell，2001），我们还将报告 RMSEA（the root mean square error of approximation；Steiger & Lind，1980），CFI（the comparative fit index；Bentler，1990）和 NNFI（the nonnormed fit index；Tucker & Lewis，1973）等三个指标作为补充。研究证实，这三个指标不太容易受样本容量的影响（Marsh，Balla，& Hau，1996）。对于 RMSEA 这个指标而言，其值小于 0.05 说明模型与数据极为拟合，其值在 0.05 与 0.08 之间说明拟合程度尚可，若其值大于 0.10 则说明模型无法很好地拟合数据，应做修整（Finch & West，1997）。CFI 和 NNFI 的值都在 0 到 1.00 之间，越接近于 1.00 说明模型与数据的拟合度越高（Mulaik，James，van Alstein，Bennett，Lind，& Stilwell，1989）。

2.5.3　自我控制与愤怒变量的关系

本研究的最终目的是要考察自我控制与特质愤怒之间的关系，因此我们会考察简版自控，止动控制以及启动控制等与特质愤怒之间的关系。另外，我们也考察了自我控制与其他几个愤怒相关变量之间的关系，其中包括愤怒表达、愤怒控制和愤怒沉湎。

2.6　结果与讨论

2.6.1　自我控制量表的效标关联效度

从表 1 可以看出：个体在自我控制量表上的得分与其在意志控制三个分量表上的得分均呈现较高程度的正相关，而与其在 Barratt 冲动性量表三个分量表上的得分却均呈现出较高程度的负相关。冲动性和意志控制分别从正反两个方面把握个体控制冲动的倾向，它们与自我控制所反映的构念大同小异。上述相关模式正好说明了三者的紧密关系，并为自我控制量表的聚合效度提供了充分的证据。自我控制还与大五人格维度中的尽责性呈较高程度的正相关，与宜人性呈现较弱的正相关，也提供了聚合效度的证据。尽责性在一定程度上反映了人的自律，而宜人性则意味着在人际中保持一定的克制以维护良好的关系，这两个基本人格维度都在不同程度上与自我控制的构念有重合。大五人格维度中还有神经质和开放性与自我控制有相关：神经质可以反映个体在情绪上的冲动性，因此与自我控制呈现出较高程度的负相关，基于同样的道理，自我控制与情绪外露的负相关也可以得到解释；而开放性与自我控制的弱相关并无理论上的依据，也并不是本研究的兴趣点。外向性、人际关系性以及情绪内敛等变量在理论上与自我控制并无实质性的关联，因而与自我控制不相关，这为自控量表的区分效度提供了一定的证据。另外，个体在简版自控量表上的得分与其在全版自控量表上的得分相关达到 0.90，这说明简版自控量表基本上可以代替全版自控量表。因此，由简版自控量表所得的与各效标之间的相关模式也与由全版量表所得的相关模式高度一致。

表 1　自控量表的效标关联效度

	自控	简版自控
1. 简版自控	.90**	1.00
2. 激活控制	.49**	.46**
3. 注意控制	.41**	.44**
4. 抑制控制	.61**	.54**
5. 无计划	−.56**	−.54**
6. 行为冲动	−.57**	−.50**
7. 认知冲动	−.69**	−.64**
8. 外向性	−.06	.01
9. 宜人性	.23**	.21**
10. 尽责性	.57**	.49**
11. 神经质	−.50**	−.40**
12. 开放性	.24**	.26**
13. 关系性	.01	.03
14. 情绪外露	−.38**	−.27**
15. 情绪内敛	.07	.03

注：边缘显著；** 在 0.01 水平上显著；* 在 0.05 水平上显著

2.6.2　自我控制量表的预测效度

从表2可以看出：除了感觉问题外，自我控制与亚健康的其他大部分维度都呈现出显著的相关关系。同样地，全版自我控制与简版自我控制的相关模式几乎完全一致。自我控制与躯体问题、负性情绪、认知问题（记忆问题、注意问题、思维问题）、行为问题、自我功能问题以及社会功能问题（工作问题、家庭问题和社会交往问题）均呈现显著的负相关，与正性情绪呈现显著的正相关，与感觉问题不相关。这些结果说明，自我控制水平高的人更少出现身体上的毛病，更少消极情绪，更多积极情绪，更少出现记忆力下降、注意涣散和思维不顺畅等认知功能上的问题，也不容易养成不良行为，更不容易怀疑自己的价值和能力，更少工作倦怠，更少疏远家人和人际活动。这些结果印证了Tangney等人（2004）的发现，即在自我控制量表上得高分的人具有更好的适应性（较少的心理病理症状报告，较高的自尊）、较少的暴饮暴食，更好的人际关系和沟通技巧，更安全的依恋关系以及更适宜的情绪反应。同时这也说明，中文版的自我控制量表具有较好的预测效度。

表 2　自控量表的预测效度

	自我控制	简版自控
躯体问题	−.34**	−.33**
正性情绪	.27**	.31**
负性情绪	−.32**	−.35**
记忆问题	−.42**	−.41**
感觉问题	−.08	−.06
注意问题	−.47**	−.47**
思维问题	−.43**	−.42**
认知问题	−.43**	−.41**
行为问题	−.60**	−.57**
自我功能问题	−.48**	−.48**
社会功能问题	−.46**	−.47**
工作问题	−.46**	−.47**
家庭问题	−.30**	−.32**
社会交往问题	−.38**	−.37**

注：边缘显著；** 在 0.01 水平上显著；* 在 0.05 水平上显著

2.6.3 自我控制与愤怒相关变量

从表3可以看出：全版自控量表与简版自控量表与愤怒相关变量的相关模式也几乎完全吻合。自我控制除了与两种愤怒调控倾向（外怒调控和内怒调控）呈现显著正相关外，与特质愤怒、两种愤怒表达以及各种愤怒沉湎都呈现出显著的负相关。自我控制与特质愤怒呈负相关与我们的假设一致，也同前人的研究结果相吻合（Tangney et al., 2004）。这说明，不管是在中国背景下，还是在美国背景下，高水平的自我控制总是对应着低水平的特质愤怒。与两种愤怒调控的正相关以及与各种愤怒沉湎指标（事后回溯，复仇思考，愤怒记忆，愤怒沉湎，报复倾向，替代攻击）的负相关则说明自我控制的资源可以从各个不同层面（情绪体验层面、认知层面和行为倾向层面）参与到愤怒调控中来。总之，本研究的结果说明，自我控制与特质愤怒以及各种其它的愤怒相关的变量具有较强的关联，是理解愤怒倾向以及愤怒调控的一个很好的切入点。

表 3 自我控制与愤怒相关变量

	自控	简版自控
1. 特质愤怒	−.49**	−.36**
2. 外怒调控	.40**	.30**
3. 内怒调控	.29**	.20**
4. 愤怒表达	−.39**	−.35**
5. 愤怒内敛	−.26**	−.25**
6. 事后回溯	−.41**	−.38**
7. 复仇思考	−.37**	−.34**
8. 愤怒记忆	−.38**	−.34**
9. 事因追索	−.05	−.07
10. 愤怒沉湎	−.45**	−.39**
11. 报复倾向	−.35**	−.28**
12. 替代攻击	−.49**	−.42**

注：边缘显著；** 在 0.01 水平上显著；* 在 0.05 水平上显著

2.6.4 自我控制的双因子结构

我们将自我控制量表的简版和双因子自控量表中的所有项目同时纳入探索性的因子分析。KMO 值为 0.798，球形假设也被拒绝，数据非常适合做因子分析。抽取因子时用主成分分析法，并进行斜交旋转（promax）。碎石图显示出清晰的双因子结构。删去双重符合之差小于0.25的项目后，我们最终得到13个项目的启动－止动控制量表。其中，止动控制7个项目，启动控制6个项目。为了验证这个结构是否能够拟合数据，我们接着进行了验证性的因子分析。在验证性的因子分析中，被试在每个项目上的得分都被当作连续变量，因为数据没有严重违背正态分布，故采用极大似然估计法（maximum likelihood，ML）。从表4可以看出，自我控制单因子结构的各项拟合度指标都没有达到标准；而双因子结构的各项拟合度指标都显示出对数据的较高水平的拟合。这些结果支持了"止动控制"和"启动控制"的双因子结构。这同我们的假设二是吻合的。也就是说，在中国被试中，自我控制量表也更加适合以两维结构来描述。相关分析的结果显示，止动控制与启动控制之间的相关为0.22，而两者与简版自我控制的相关分别为：止动控制0.79，启动控制0.30。这说明，简版自我控制量表所把握的构念更加接近止动控制而非启动控制。

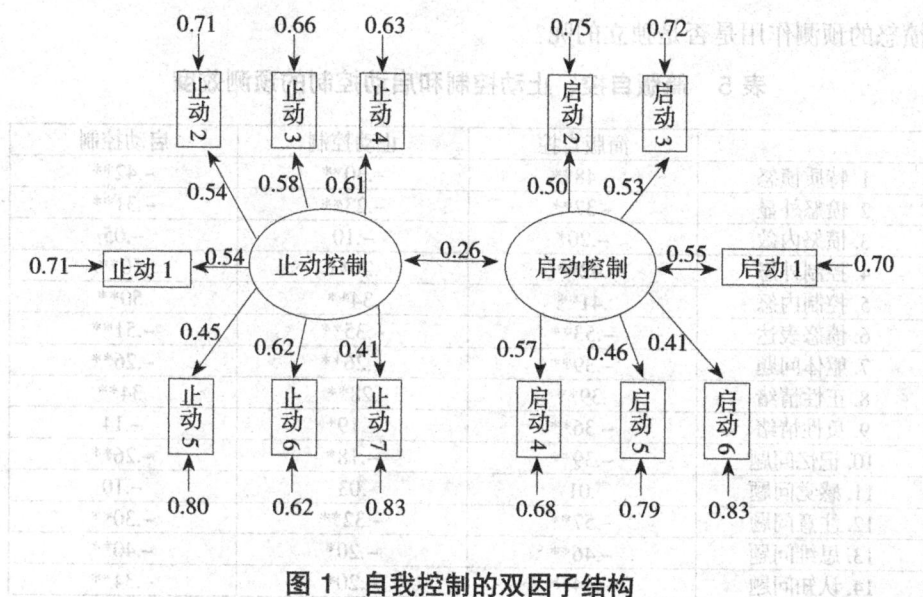

图1 自我控制的双因子结构

表 4　自我控制量表单因子结构与双因子结构的拟合度指标

Models	SBx^2	df	RMSEA（90%CI）	NNFI	CFI
单因子结构	202.74	65	.117（.099；.135）	.65	.71
双因子结构	98.34	64	.059（.034；.081）	.91	.93

注：RMSEA = root mean square error of approximation； CI = confidence interval； CFI = comparative fit index； NNFI = nonnormed fit index； 所有的 x^2 值都在 0.01 水平上显著

双因子结构的效度得到了验证性因子分析结果的支持，接下来，我们还通过考察"止动控制"和"启动控制"与亚健康症状的相关来建立两者预测效度的证据，并通过考察两者与愤怒相关变量的相关来印证我们的假设。从表 5 可以看出，不管是止动控制还是启动控制均与各种亚健康症状呈现出显著的负相关，而且止动控制、启动控制与简版自控三者与亚健康的相关模式都大同小异，说明止动控制与启动控制均具有较好的预测效度。另外，止动控制与启动控制均与特质愤怒呈显著的负相关，与两种愤怒调控倾向呈显著的正相关，与愤怒表达呈显著的负相关。这说明两种类型的自我控制均与特质愤怒以及其他的愤怒相关变量有关联。这一结果暗示本研究的假设三可能是成立的，即止动控制和启动控制都可以预测特质愤怒。那么，两者对特质愤怒的预测作用是否是独立的呢？

表 5　简版自控、止动控制和启动控制的预测效度

	简版自控	止动控制	启动控制
1. 特质愤怒	−.48**	−.30**	−.42**
2. 愤怒外显	−.37**	−.23**	−.31**
3. 愤怒内敛	−.20*	−.10	−.05
4. 控制外怒	.42**	.26**	.50**
5. 控制内怒	.41**	.34**	.50**
6. 愤怒表达	−.53**	−.35**	−.51**
7. 躯体问题	−.39**	−.26**	−.26**
8. 正性情绪	.39**	.28**	.34**
9. 负性情绪	−.36**	−.19*	−.14
10. 记忆问题	−.39**	−.18*	−.26**
11. 感觉问题	.01	.03	−.10
12. 注意问题	−.57**	−.32**	−.30**
13. 思维问题	−.46**	−.20*	−.40**
14. 认知问题	−.44**	−.20*	−.34**

续表

	简版自控	止动控制	启动控制
15. 行为问题	−.62**	−.38**	−.34**
16. 自我功能问题	−.45**	−.26**	−.22**
17. 社会功能问题	−.43**	−.28**	−.22**
18. 工作问题	−.52**	−.33**	−.25**
19. 家庭问题	−.23**	−.17*	−.10
20. 朋友问题	−.31**	−.19*	−.19*

注：边缘显著；** 在 0.01 水平上显著；* 在 0.05 水平上显著

我们采用分层回归的方法来验证止动控制与启动控制对特质愤怒的独特预测作用。分层回归总共分三步，第一步仅纳入止动控制作为预测变量；第二步同时纳入止动控制和启动控制；第三步则同时纳入止动控制、启动控制和自我控制。从表6可以看出，第一步纳入的止动控制对于特质愤怒具有显著的负向预测作用（β=−0.30）。当在第二步同时纳入启动控制后，预测变量对特质愤怒的解释作用明显增加了（ΔR^2=0.13），止动控制依然能够显著地预测特质愤怒（β=−0.22），当然，启动控制也能够显著地预测特质愤怒（β=−0.36）；这一结果为本研究的假设三提供了坚实的证据。在第三步，当个体在自我控制简版上的得分也被同时纳入回归方程后，方程的解释率相对于第二步得到进一步增加（ΔR^2=0.10），启动控制对自我控制的预测作用依然显著，而止动控制的预测作用不再显著。考虑到个体在简版自我控制上的得分与其在止动控制上得分的相关达到0.79，而它与启动控制的相关仅有0.30，我们认为简版自我控制量表可能更多地把握住了止动控制这一构念。另外，由于增加自我控制量表能够产生增益的解释率，我们在随后的研究中也会将它作为一个重要的参考变量。

表6　分层回归结果

步骤	预测变量	r	B	β	ΔR^2
1	止动控制	−0.30**	−0.22**	−0.30**	0.09
2	止动控制	−0.30**	−0.16**	−0.22**	0.13
	启动控制	−0.42**	−0.44**	−0.36**	
3	止动控制	−0.30**	0.14	0.19	0.10
	启动控制	−0.42**	−0.35**	−0.29**	
	自我控制	−0.48**	−0.42**	−0.54**	

注：边缘显著；** 在 0.01 水平上显著；* 在 0.05 水平上显著

2.7 第二部分研究：社会情绪控制与认知控制的独特预测作用

研究一的全部假设都得到了验证，即在中国文化背景下，个体在自我控制量表上的得分与其在特质愤怒量表上的得分呈显著的负相关；自我控制的两维结构（止动控制和启动控制）比单维结构更加拟合数据；"止动控制"与"启动控制"与特质愤怒均呈显著的负相关，而且两者对特质愤怒的预测作用是独立的。于是，以人格问卷法评估的高级控制（即社会情绪控制）与特质愤怒的关系模式在中国背景下也得到了验证。在此基础上，我们将在研究二中考察认知控制与社会情绪控制对特质愤怒的独特预测作用，以区分两者对理解特质愤怒的特殊意义。

为了达到上述目的，我们首先需要选择一种反应认知控制的指标。在诸多以反应时的方法评估的认知控制指标中，我们优先考虑 Wilkowski 和 Robinson（2008b）等人最近开发的敌意启动的认知控制技术。他们的做法是：先启动被试的敌意或非敌意想法，按照他们的理论，某些人的敌意想法被激活后其高级控制的相应功能也得到激活，有的人则无法有效地使用高级控制功能。为了检验这种个体差异，就在词语启动后让被试完成 flankers 任务（一种测量认知控制的任务，Eriksen & Eriksen，1974）。如果某些被试在敌意启动下确实提取了高级控制资源，那么他们在这种任务中就会更擅长克服反应冲突，表现在任务中就会有较小的侧蔽代价。由于这种认知控制能力看起来似乎是被敌意刺激启动的，因此可以将其看作专门针对敌意信息的认知控制。在最近两项研究中（Wilkowski & Robinson，2008b），研究者都发现：较高水平的敌意启动认知控制对应着较低水平的特质愤怒。而且他们认为这种对认知控制的测量方法可能比单纯的认知干扰任务更加能够反映认知控制与特质愤怒之间的关系的本质。

当然，为了比较认知控制与社会情绪控制对特质愤怒的解释作用，我们也需要人格问卷评估的高级控制。研究一中的自我控制量表简版，以及止动控制与启动控制分量表均被纳入到本研究中。此外，我们还安排了亚健康问卷作为两种形式的高级控制的预测效度的指标。

2.7.1　研究被试

来自北京的高校，共 84 人。其中男生 30 人，女生 53 人，还有一人没有报告性别。同样没有要求这部分被试填答有关年龄的信息。每个被试会因为参与这个研究而得到一定的报酬。

2.7.2　测量工具

每个被试的实验过程都在实验室的电脑上完成，被试用键盘按键完成反应。我们使用 E-Prime 软件（Version 2.0）来编制所有的实验程序和收集数据。

2.7.2.1　测量敌意启动的高级控制上的个体差异

启动刺激。启动刺激为 10 个攻击性词语（打骂，争吵，攻击，骚扰，伤害，打击，折磨，辱骂，羞辱，指责）和 10 个非攻击词语（洗涤，冲洗，清扫，洗浴，擦洗，淋浴，打扫，沐浴，洗刷，梳理，洗漱）。非攻击的控制组刺激属于与清洁动作相关的动词。这些词均来源于 Wilkowski 和 Robinson（2007，2008b）的研究，我们将其翻译过来，在翻译的时候特别保证所有的词都是双音节的动词，以保证攻击性词与非攻击词在词性，词长和词频上都能相匹配。另外，我们还请 30 个评价者对词的熟悉度进行评价，结果发现，攻击性词和非攻击性词在熟悉度上没有显著性差异（t=0.094，df=68，q=0.925）。

实验程序。实验程序的每一个 trail 由两个部分组成。首先是词语启动部分。具体做法是：在电脑显示屏中央随机呈现 20 个词语中的一个，要求被试通过键盘上的按键来判断屏幕中央呈现的词语是攻击性词还是清扫性词。被试的反应方式按照下述方式得到平衡：有的被试按"1"键代表攻击性词，按"5"键代表清扫性词，而另一些被试按"5"键代表攻击性词，按"1"键代表清扫性词。被试做出反应后，会有 1000ms 的延迟期；但如果被试判断错误，则会出现 1500ms 的错误提示，并要求他重新对该词做出正确判断。这样做的目的是为了保证在下一步高级控制的测量之前，相关词语（攻击性或非攻击性）

确实得到激活。

在每次词语启动之后，被试接受每个 trail 的第二部分测试，及侧蔽任务（Eriksen & Eriksen，1974）。侧蔽任务中有四种字母串，包括两种和谐型字母串（ppppp 和 qqqqq）和两种干扰型字母串（ppqpp 和 qqpqq）。每次词语启动任务完成后，在屏幕上随机呈现四种字母串中的一个让被试判断其中间的字母是 "p" 还是 "q"。如果是 "p" 就按 "1" 键，如果是 "q" 就按 "5" 键。在不同的 trial 中，字母串的垂直位置不变，但水平位置却在不断变换，以避免与位置相关的习惯效应（Tipper，Borque，Anderson，& Brehaut，1989）。被试反应完毕后，有 700ms 的延迟期；但如果判断错误，则会出现 1500ms 的错误提示以提高正确率。

在整个实验程序中，每个被试都要完成 120 个 trial，其中每个启动词会出现 6 次，每种字母串会出现 30 次，而且，每个启动词后面对应的字母串刚好是 3 次和谐型和 3 次干扰型。反应时（RT，reaction time）数据的处理方式遵循既有的完备标准（Robinson，2007）。即将反应时数据转换成对数以矫正偏态分布；然后，将比反应时的平均数高（或低）2.5 个标准差的反应时数据删除。

2.7.2.2　特质愤怒量表

状态－特质愤怒表达量表（STAXI-2，Spielberger，1999）中的特质愤怒和愤怒表达分量表。前者共 10 个项目，包括愤怒气质（angry temperament，T-anger/T）和愤怒反应（angry reaction，T-anger/R）两个分量表；后者共有 32 个项目，包括外在表达（AX/Out）、内在表达（AX/In）、外在控制（AX/con-out）和内在控制（AX/con-in）等四个分量表，整个愤怒表达维度的得分遵循公式：外在表达＋内在表达－（外在控制＋内在控制）。

2.7.2.3　自我控制量表

自我控制量表（self control scale，Tangney，Baumeister，& Boone，2004）简版以及研究一中得到的止动控制分量表和启动控制分量表，有些项目是反向记分的。被试在 5 点 likert 量表的标尺上作答，得分范围从 0（一点也不像我）

到4（非常像我）。分数越高，说明其自我控制能力越强。

2.7.2.4 亚健康量表

亚健康量表（张建新，2008）共有74个项目，用来评估个体在躯体问题、正性情绪、负性情绪、记忆问题、感觉问题、注意问题、思维问题、认知问题、行为问题、自我功能问题、社会功能问题、工作问题、家庭问题以及社会交往问题等症状上的个体差异。被试要评估自己近三个月来某些身体或心理状况（如"忘记计划要做的事"）出现的频率，被试在5点likert量表的标尺上作答，记分的含义分别为：0 = 从不；1 = 偶尔；2 = 有时；3 = 经常；4 = 总是。除了正性情绪外，被试在分量表上得分越高，说明其在该维度上的健康状况越差。

2.7.3 研究程序

被试来到实验室后，先完成一份问卷，其中就包括自我控制量表、特质愤怒量表以及亚健康量表。然后在电脑上完成敌意启动高级控制的评估。

2.7.4 数据分析

研究二的数据分析采用E-prime2.0中的E-dataaid，SPSS13.0。大致分为三个步骤：

（1）数据的准备工作。为了矫正反应时数据的偏态我们将其进行对数转换。然后，算出每个被试完成任务反应时的平均数MRt和标准差Std，再将大于MRt+2.5Std和小于MRt–2.5Std的反应时删去（删除率2.9%）。

（2）计算敌意启动认知控制的指标。如上所述，我们用侧蔽代价（flanker cost）来反映被试认知控制能力的强弱。侧蔽代价的计算方法是：干扰任务的反应时减去和谐任务的反应时，所得之差即侧蔽代价。由此得到认知控制的指标。

（3）通过相关分析和回归分析，可以确认认知控制、社会情绪控制以及特质愤怒之间的关系。

2.7.5 结果与讨论

删去异常的反应时数据后，我们计算每一个被试在四种水平上（敌意词 * 干扰型；敌意词 * 和谐型；清洁词 * 干扰型；清洁词 * 和谐型）的反应时平均值。以此为基础，再根据侧蔽代价的计算公式分别算出敌意词启动条件下的侧蔽效应和清洁词启动条件下的侧蔽效应。其中，敌意词启动条件下的侧蔽效应就是本研究关注的敌意启动认知控制的指标。从理论上讲，侧蔽效应都应该是大于 0 的。因为被试对干扰型任务的反应时总要大于对和谐型任务的反应时。但是，在我们的数据中确实出现了少数侧蔽效应小于 0 的情况。对于这些数据，我们将其 recode 为系统缺失值，不参与随后的相关分析。

下表是相关分析的结果。从结果中我们可以看出，社会情绪控制的指标与愤怒相关变量的关系延续了研究一中的模式。这一结果说明，社会情绪控制与特质愤怒的相关关系是非常稳健的。另外，社会情绪控制的指标（自控简版，止动控制和启动控制）与认知控制的指标（敌意启动的认知控制）不相关，这与本研究的假设二相符合，说明社会情绪控制与认知控制确实属于泾渭分明的两个系统。

表 7　研究二相关分析的结果

	cost（攻）	自控	止动	启动
cost（攻）	1.00			
自控简版	−.02	1.00		
止动控制	.10	.77**	1.00	
启动控制	−.18	.20	.11	1.00
特质愤怒	.10	−.53**	−.31**	−.47**
愤怒外显	.04	−.38**	−.21	−.39**
愤怒内敛	−.09	−.29**	−.16	−.08
控制外怒	−.20	.44**	.26*	.55**
控制内怒	−.13	.46**	.42**	.52**
愤怒表达	.10	−.58**	−.39**	−.57**
躯体问题	.13	−.43**	−.29**	−.30**
正性情绪	−.09	.45**	.35**	.37**
负性情绪	.12	−.39**	−.21*	−.19
	cost（攻）	自控	止动	启动
记忆问题	.13	−.39**	−.18	−.19

续表

感觉问题	.09	.01	−.01	−.21*
注意问题	.12	−.57**	−.30**	−.32**
思维问题	.10	−.46**	−.16	−.43**
认知问题	.15	−.45**	−.21	−.40**
行为问题	.16	−.65**	−.40**	−.32**
自我功能问题	.17	−.45**	−.27*	−.21*
社会功能问题	.08	−.48**	−.35**	−.19
工作问题	.10	−.55**	−.35**	−.24*
家庭问题	.04	−.23*	−.19*	−.06
朋友问题	.04	−.34**	−.27*	−.15

注：边缘显著；** 在 0.01 水平上显著；* 在 0.05 水平上显著；cost（攻）= 攻击词语启动条件下的侧蔽代价（敌意启动的认知控制）

遗憾的是，本研究的结果显示，敌意启动的认知控制与特质愤怒之间的相关不显著，没能复制 Wilkowski 和 Robinson 等人（2008b）的经典结果。这样的数据说明，敌意启动的认知控制对于理解特质愤怒并没有什么作用。但是，攻击词条件下的侧蔽代价与"控制外怒"这一变量具有微弱的负相关，这似乎又说明敌意启动的认知控制与愤怒控制又有些关联。最后，攻击词条件下的侧蔽代价与其他愤怒相关的特质以及亚健康指标均无显著相关。

研究二的结果进一步证实了研究一的结论，但是没有能够支持本研究的主要假设，即在中国文化背景下，个体在敌意启动的认知控制任务中的得分与其在特质愤怒量表上的得分呈显著的负相关。从下面的分层回归中也可以看出，止动控制、启动控制和自我控制对特质愤怒的预测作用与研究一中的结果一致，而将敌意启动的认知控制加入方程后，没有任何增加的解释率。因此，我们可以下结论说：社会情绪控制可以显著预测在特质愤怒水平上的个体差异，而认知控制不能预测个体在特质愤怒水平上的差异。而前人的研究中至少有两篇文献提供了敌意启动认知控制与特质愤怒存在相关的证据，提示我们应该谨慎下结论。另外，本研究中敌意启动认知控制与"控制外怒"的微弱相关似乎也说明，社会情绪控制与认知控制也不是绝对地泾渭分明。为了进一步探索不同类型的控制之间及其与特质愤怒之间的关系，我们接着开展了研究三。

表 8　研究二分层回归分析的结果

步骤	预测变量	r	B	β	ΔR^2
1	止动控制	−.31**	.14	.18	.43
	启动控制	−.47**	−.48**	−.37**	
	自我控制	−.53**	−.50**	−.60**	
2	止动控制	−.31**	.14	.18	.00
	启动控制	−.47**	−.49**	−.38**	
	自控简版	−.53**	−.49**	−.57**	
	敌意启动认知控制	.10	.03	.00	

注：边缘显著；** 在 0.01 水平上显著；* 在 0.05 水平上显著

2.8　第三部分研究：愤怒控制的中介作用

Wilkowski 和 Robinson 等人（2008b）发现，敌意词可以启动某些人（例如，特质愤怒水平低的人）的认知控制系统，使其在侧蔽任务中有较小的侧蔽代价。因此，接受敌意词启动后，个体在侧蔽任务中的侧蔽代价大小与其特质愤怒水平的高低存在显著的正相关。但是在研究二中，我们没有在中国的大学生被试中发现这种关系。

Wilkowski 和 Robinson 等人（2006）还发现，不同的人从敌意词上转移视线的难度也不一样，而且这种个体差异与宜人性水平上的个体差异呈显著的负相关。他们认为，这种注意分散难易程度上的个体差异也会与愤怒相关的个体差异有关联。不管是敌意启动的认知控制，还是从敌意词上转移视线的难度，都是以反应时为指标的认知控制的一种表现形式，都反映了个体抑制优势反应倾向，启动弱势反应倾向的能力。尽管在研究二中没有复制出敌意启动的认知控制的经典结果，我们还是期望在研究三中，能够发现这两种认知控制（敌意启动的认知控制和从敌意刺激上的视线转移）与特质愤怒的关系。

此外，延续研究二的假设，我们认为认知控制和社会情绪控制之间没有相关或仅有微弱的正相关。但是，认知控制之间（敌意启动的认知控制 vs 敌意刺激上的视线转移）以及社会情绪控制之间（自我控制 vs 愤怒控制）应该具有一定程度的正相关。出于这种预期，我们在研究三中纳入了愤怒控制的概念，将"敌意刺激的视线转移"看作一种认知层面的愤怒控制，即"敌意信息的注意分散"；而将"控制外怒"、"控制内怒"看作社会情绪层面的愤怒控制的两种形式。我们认为认知控制一般用来实施注意分散之类的认知层面的操作，不会有助于社会情绪层面的操作；反之，社会情绪控制一般用来实施对情绪以及相应行为倾向的控制操作，不会有助于认知层面的操作。因此就有了如下预期：

（1）"敌意信息的注意分散"可以部分中介"敌意启动的高级控制"与特质愤怒之间的关系，但不能部分中介"自我控制"与特质愤怒之间的关系；

（2）"愤怒控制倾向"可以部分中介"自我控制"（包括止动控制与启动控制）与特质愤怒之间的关系，但不能部分中介"敌意信息的注意分散"与特质愤怒之间的关系。

2.8.1　研究被试

被试均来自北京的高校，共72人。其中男生19人，女生53人。没有要求这部分被试填答有关年龄的信息。每个被试会因为参与这个研究而得到一定的报酬。研究者还承诺将研究结果反馈给他们。

2.8.2　测量工具

每个被试的实验过程都在实验室的电脑上完成，被试用键盘按键完成反应。我们使用E-Prime软件（Version 2.0）来编制所有的实验程序和收集数据。

2.8.2.1　测量敌意启动的高级控制上的个体差异

实验刺激和程序都和研究二中的内容完全一致。

2.8.2.2　敌意信息的注意分散

这种认知任务主要用来评估一个人从敌意或非敌意的刺激上移开注意的容易程度。具体做法是，在电脑屏幕正中央的左边（或右边）一英寸呈现一个词，可以是攻击性词（打骂，争吵，攻击，贬损，扭打），也可以是非攻击性词（洗涤，冲洗，清扫，洗浴，漂洗）。要求被试判断该词汇的性质，如果该词是攻击性词就按"1"键，如果是非攻击性词，就按"5"键。如果被试不做反应，屏幕上的词会一直存在。

被试做出上述反应后，会有 50ms 的延迟期。之后会呈现空间目标，目标可能是朝右的箭头"→"，也可能是朝左的箭头"←"，可能与词出现在相同位置（如同在电脑屏幕正中央的右边一英寸处），也可能出现在相反的位置（电脑屏幕正中央的左边一英寸处）。要求被试快而准确地判断目标箭头的朝向，如果箭头朝右，就按键盘方向键的右键，如果箭头朝左，就按方向键的左键。被试的这次反应之后，也会出现 200ms 的延迟期。

如果被试反应错误，就会出现 1500ms 的错误提示。词的性质（攻击性词 VS 非攻击性词）、目标箭头位置（相同位置 VS 相反位置）以及目标箭头的朝向（朝左 VS 朝右）的呈现顺序对每个被试而言都是随机的。总共有 140 次词/箭头测试，故对于 2（攻击词 VS 非攻词）× 2（相同位置 VS 相反位置）的被试内设计而言，每个单元格内大约应该有 35 个词/箭头测试。

2.8.2.3　特质愤怒量表

状态 - 特质愤怒表达量表（STAXI-2, Spielberger, 1999）中的特质愤怒和愤怒表达分量表。前者共 10 个项目，包括愤怒气质（angry temperament, T-anger/T）和愤怒反应（angry reaction, T-anger/R）两个分量表；后者共有 32 个项目，包括外在表达（AX/Out）、内在表达（AX/In）、外在控制（AX/con-out）和内在控制（AX/con-in）等四个分量表，整个愤怒表达维度的得分遵循公式：外在表达 + 内在表达 -（外在控制 + 内在控制）。

2.8.2.4　自我控制量表

自我控制量表（self control scale, Tangney, Baumeister, & Boone, 2004）简版以及研究一中得到的止动控制分量表和启动控制分量表，有些项目是反向记分的。被试在 5 点 likert 量表的标尺上作答，得分范围从 0（一点也不像我）到 4（非常像我）。分数越高，说明其自我控制能力越强。

2.8.2.5 亚健康量表

亚健康量表（张建新，2008）共有74个项目，用来评估在躯体问题、正性情绪、负性情绪、记忆问题、感觉问题、注意问题、思维问题、认知问题、行为问题、自我功能问题、社会功能问题、工作问题、家庭问题以及社会交往问题等症状上的个体差异。被试要评估自己近三个月来某些身体或心理状况（如"忘记计划要做的事"）出现的频率，被试在5点likert量表的标尺上作答，记分的含义分别为：0 = 从不；1 = 偶尔；2 = 有时；3 = 经常；4 = 总是。除了正性情绪外，被试在分量表上得分越高，说明其在该维度上的健康状况越差。

2.8.3 研究程序

被试来到实验室后，先完成一份问卷，其中就包括自我控制量表、特质愤怒量表、愤怒表达量表、自我控制量表以及亚健康量表。然后，在电脑上完成敌意启动高级控制的评估以及敌意信息的注意分散任务。

2.8.4 数据分析

研究三的数据分析采用E-prime2.0中的E-dataaid，SPSS13.0以及LISREL8.72。同样分为三个步骤：

（1）数据的准备工作。首先对反应时数据进行对数转换，以纠正偏态。然后，算出每个被试完成任务反应时的平均数MRt和标准差Std，再将大于MRt+2.5Std和小于MRt−2.5Std的反应时删去（删除率2.4%）。

（2）计算敌意启动认知控制和敌意信息的分散注意的指标。在本研究中，我们还是用侧蔽代价（flanker cost）来反映被试认知控制能力的强弱，并引入了新的指标，即从敌意词上转移视线的难度（effort）。侧蔽代价的计算方法与研究二一致，而视线转移难度的计算方法是：相反位置条件下的对字母任务的反应时减去相同位置条件下对字母任务的反应时，所得之差即视线转移难度。

（3）通过相关分析和回归分析，确认各种认知控制、社会情绪控制以及特质愤怒之间的关系模式。

2.8.5　结果与讨论

在本次研究中，敌意启动认知控制的指标的计算方式与研究二中完全一致。对于敌意信息分散注意的指标，我们的计算方式也大同小异：删去异常的反应时数据后，先计算每一个被试在四种水平上（敌意词＊相反位置；敌意词＊相同位置；清洁词＊相反位置；清洁词＊相同位置）的反应时平均值，然后再根据用"敌意词＊相反位置"水平上的反应时减去"敌意词＊相同位置"水平上的反应时，所得之差就是敌意信息分散注意的指标。与侧蔽效应相同，这个指标从理论上讲也应该是大于0的。因为被试对相反位置上刺激的反应时总要大于对相同位置上刺激的反应时。对于数据中出现的少数小于0的情况，不管是侧蔽效应，还是分散注意的指标，我们均将其recode为系统缺失值，不参与随后的相关分析。

表 9　研究三相关分析的结果

	cost（攻）	effort（攻）	自控	止动	启动
cost（攻）	1.00				
effort（攻）	0.27*	1.00			
自控简版	0.07	0.02	1.00		
止动控制	−0.02	0.00	0.82**	1.00	
启动控制	−0.13	0.00	0.41**	0.33**	1.00
特质愤怒	0.03	0.10	−0.39**	−0.26*	−0.33**
愤怒外显	0.00	−0.10	−0.36**	−0.27*	−0.20**
愤怒内敛	−0.08	−0.19	−0.08	0.01	−0.01
控制外怒	−0.14	−0.05	0.40**	0.28*	0.43**
控制内怒	0.12	0.02	0.34**	0.20	0.48**
愤怒表达	−0.02	−0.11	−0.46**	−0.28*	−0.43**
躯体问题	0.10	0.03	−0.29*	−0.16	−0.18
正性情绪	0.20	0.11	0.28*	0.13	0.28*
负性情绪	−0.20	−0.14	−0.31**	−0.13	−0.06
记忆问题	−0.07	−0.13	−0.41**	−0.20**	−0.34**
感觉问题	0.20	0.14	0.02	0.10	0.04

续表

	cost（攻）	effort（攻）	自控	止动	启动
注意问题	−0.08	−0.03	−0.56**	−0.31**	−0.25*
思维问题	−0.13	−0.08	−0.49**	−0.28*	−0.38**
认知问题	0.00	−0.01	−0.43**	−0.19	−0.27*
行为问题	0.00	−0.08	−0.58**	−0.34**	−0.35**
自我功能问题	−0.24	−0.17	−0.45**	−0.26*	−0.23*
社会功能问题	−0.04	−0.15	−0.37**	−0.19	−0.25*
工作问题	−0.16	−0.06	−0.47**	−0.28*	−0.25*
家庭问题	0.01	−0.10	−0.22	−0.10	−0.13
朋友问题	0.04	−0.20	−0.28*	−0.11	−0.24*

注：边缘显著；** 在 0.01 水平上显著；* 在 0.05 水平上显著

cost（攻）= 攻击词语启动条件下的侧蔽代价（敌意启动的认知控制）

effort（攻）= 从攻击词语上转移视线的难易度（敌意信息的分散注意）

从表 9 中的相关分析可以看出：不论是敌意启动的认知控制（侧蔽效应），还是对敌意信息的分散注意，都与特质愤怒没有相关，与其他愤怒相关的特质和亚健康的指标也不存在相关。这与我们研究二的结果相一致。我们依然没有能够复制 Wilkowski 和 Robinson 等人（2006，2008b）的经典结果。与我们在本研究中的设想一致的结果是，敌意启动的认知控制与对敌意信息的分散注意呈中等程度的正相关。这说明，这两种形式的认知控制，虽然操作方式不同，但其内在本质还是有相通的地方。但是，虽然这两种形式的认知控制虽然都与敌意刺激有一定的关联，却都没能与特质愤怒产生共变。而且，这两种反应时技术评估的认知控制，与人格问卷法评估的社会情绪控制（自控简版，止动控制，启动控制）均不存在显著相关。看来，在中国被试中，社会情绪控制和认知控制之间确实有着泾渭分明的界限，而且，个体认知控制上的能力差异与其在特质愤怒上的水平差异一点关系也没有。而社会情绪控制与特质愤怒的关系在研究一、研究二乃至本研究中都一直非常稳健；另外，社会情绪控制与愤怒控制（控制外怒和控制内怒）之间的关系也非常稳健，这使得我们可以考察社会情绪控制、愤怒控制和特质愤怒这三个变量之间的中介关系。

　　由于敌意启动的认知控制和敌意信息的分散注意均与特质愤怒没有相关，我们无法考察本研究的假设 1，但是我们还是可以考察"愤怒控制"对一般的社会情绪控制（包括止动控制与启动控制）与特质愤怒之间关系的中介作用（见图 2）。从图中可以看出，止动控制和启动控制与特质愤怒之间的关系完全由控制外怒来中介，而不能通过控制内怒来中介。也就是说，人们之所以在特质愤怒水平上有差异，可以用他们"控制外怒"水平上的差异来解释，而人们在"控制外怒"水平上的差异又与他们一般社会情绪控制（止动控制和启动控制）的水平有关。从图中我们还可以看出，特质愤怒水平上的个体差异无法用"控制内怒"水平上的个体差异来解释。止动控制仅与控制外怒有关联，而启动控制与两种愤怒控制均有关联。这说明，止动控制与压抑愤怒的表达有关，但并不参与愤怒的内在调控；而启动控制可能在这两种过程中都有影响。

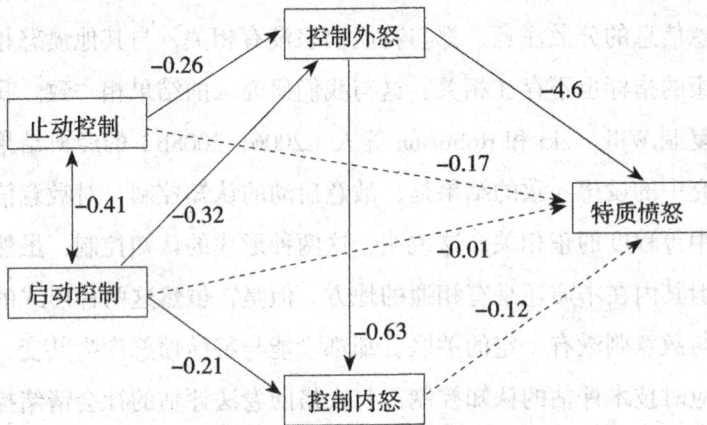

图 2　愤怒控制的中介作用模型

注：实线代表显著的关系，虚线代表不显著的关系

2.9　综合讨论

　　高水平的特质愤怒者指的是那些脾气不好的人，这种个性特征与诸如暴力行为、心血管疾病以及有害健康的行为习惯之类的多种不利后果相关联，危害极大。为了帮助脾气不好的人摆脱或减缓这种脾气带来的不良后果，探

索特质愤怒背后的机制就显得非常有实际意义。本研究秉承从高级控制功能的视角理解特质愤怒内部机制的做法，试图在中国被试中探索个体的高级控制机能与其特质愤怒水平之间的关系，并考察高级控制机能的不同子功能对理解特质愤怒的不同作用。

研究结果显示：（1）社会情绪控制的评估工具之一——自我控制量表——在中国被试中具有良好的信度和效度，自我控制与特质愤怒之间的关系为显著的负相关。（2）社会情绪控制的双维结构（止动控制 vs 启动控制）在中国被试中也适用，而且，启动控制和止动控制均与特质愤怒呈现出显著的负相关。（3）社会情绪控制与认知控制显示出泾渭分明的功能界限，而且，认知控制上的个体差异不能解释其在特质愤怒水平上的个体差异。（4）认知控制上的个体差异与敌意信息注意转移能力上的个体差异有关，但两者都不能解释特质愤怒水平上的个体差异；而社会情绪控制（止动控制 VS 启动控制）上的个体差异可以解释人们愤怒控制倾向（控制外怒 VS 控制内怒）上的个体差异，而且，控制外怒不仅可以中介止动控制与特质愤怒之间的关系，还可以中介启动控制与特质愤怒的关系，而控制内怒与特质愤怒的关系并不显著。这些结果在一定程度上回答了文献综述中提出的问题。

不同类型的社会情绪控制（止动控制 VS 启动控制）与特质愤怒的关系会不一样吗？答案是肯定的。止动控制与启动控制与特质愤怒均呈显著的负相关，分别为止动控制（-0.30），启动控制（-0.42）。而且，当两者同时作为预测变量被纳入回归方程时，它们对特质愤怒的预测作用是独立的。这说明，对于理解特质愤怒的内部机制而言，止动控制和启动控制各自具有不同的意义。这一点可以从研究三认知控制和愤怒控制的关系中看出一些端倪。止动控制与控制外怒有关，但与控制内怒没有关系；而启动控制既与控制外怒有关，也与控制内怒有关。De Boer，Van Hooft 和 Bakker（2010）将止动控制的功能界定为制止诱惑力强但有害的行为，将启动控制的功能界定为：发起诱惑力弱但有利的行为。他们援引 Metcalfe 和 Mischel （1999）的双系统理论，认为人的行为系统可分为冷热两个系统。热系统是反射型的，快速，受刺激驱动；冷系统则是反思性的，缓慢，处于自我控制之下。两个系统分别对应着冲动与控制，发泄愤怒属于热系统行为，而愤怒控制则是冷系统行为。

人体验到愤怒就会有冲动想通过各种形式表达出来，发泄愤怒是很痛快的，但往往会造成诸多严重的后果，这是一种诱惑力强但有害的行为，因此对这种行为的控制属于止动控制。而若想摆脱愤怒冲动的影响，可能还需要做一些诱惑力弱但有利的行为，例如，与人发生争吵时主动离开冲突场合，这样可以避免冲突升级（有利），但是诱惑力低（屈辱，挫败感），做出这样的行为需要启动控制起作用。总之，止动控制和启动控制都能从不同方面有助于控制愤怒的向外表达。而控制内怒主要针对内在的愤怒体验和想法，这些体验和想法与发泄愤怒的冲动不同，诱惑力并不强，危害也不大，止动控制起作用的程度不高；而控制内怒的主要方式就是启动新的积极想法来代替愤怒的想法，这需要启动控制来起作用。总之，我们的结果显示，启动控制和止动控制对应着不同的愤怒控制模式，具体而言，止动控制水平比较高的人，更倾向于阻止自己将愤怒向外表达，因而这样的人的特质愤怒水平也不太高，但是，一个人止动控制水平的高低与其内在的愤怒调控倾向没有关系；而启动控制水平比较高的人，既倾向于阻止自己的愤怒向外表达，也倾向于调控内部的愤怒体验和想法，故而特质愤怒水平也并不高。

另一个问题是：自我报告的人格与气质问卷所反映的高级控制（社会情绪控制）与反应时技术所反映的高级控制（认知控制）反映的特质愤怒内部机制是否有差异呢？答案似乎也是肯定的。社会情绪控制对于理解特质愤怒内部机制的意义在上一段已经有所论述，而我们的研究结果显示，认知控制这类变量对于理解个体在特质愤怒上的水平差异毫无意义。在研究二中，我们就没能复制 Wilkowski 和 Robinson 等人（2008b）发现的敌意启动认知控制与特质愤怒的关系；在研究三中，我们加入了"敌意信息注意转移"这一变量，以更加直接的方式评估个体忽略敌意信息的能力，结果还是没能发现它与特质愤怒有关系。

另外，研究三中的两种认知控制与各种社会情绪控制（止动控制 VS 启动控制）的相关也不显著，这种结果基本符合我们的假设，说明社会情绪控制与认知控制之间的机能截然不同，互相独立。但这一结果却与 Blair 和 Razza（2007）的结果有少许不同，他们以 3~5 岁儿童为被试，发现其认知控制与社会情绪控制之间存在微弱的正相关，显示两者虽然具有很大的差异，但却并不是完全独立的。考虑到这两种机能的中枢都位于前额叶，两者的功能并不完全独立的看法也许更具有说服力，但我们的数据显然没有把握住这种功能上的关联性。可能的原因是，我们的被试主要是大学本科生，而 Blair 和 Razza 的被试主要是幼儿园的儿童，他们的被试太年幼，脑机能的分化还不完善，因此认知控制机能和社会情绪控制机能之间的联系更加容易把握一些。

虽然认知控制与特质愤怒，以及两种社会情绪控制均无相关，但两种认知控制之间却有着中等程度的正相关。"敌意启动的认知控制"和"敌意刺激的注意转移"这两种认知控制都是用反应时评估的认知控制，但这两种控制的操作方式却有相当大的差异。其中，敌意启动的认知控制任务是识别 5 字母串中间的字母，被试需要克服两边字母的影响，才能做出正确反应；而敌意刺激上转移注意则需要被试从敌意刺激上迅速转移视线，如果被试被敌意刺激所吸引（即优先注意敌意刺激），则转移视线的反应时就会比较长。根据认知控制（执行功能）的定义，即用于计划，问题解决和目标导向行为等过程的控制，包括注意转移、工作记忆和抑制控制（Miyake，Friedman，Emerson，Witzki，& Howerter，2000），敌意启动的认知控制属于认知控制中的抑制控制，而对敌意刺激的注意转移显然属于认知控制中的注意转移。可见，即使同属于认知控制，两者也可以区分为不同的亚类。两种认知控制之间的中等程度的正相关符合理论上的设定，即两者属于认知控制的不同亚类，因此虽然具有一定的区分性，但也不是完全独立的。

虽然我们证实了敌意启动认知控制与敌意刺激上的注意转移之间的关系，却没能发现它们与特质愤怒的内在机制有关系。这样一来，我们只能根据这一结果下结论说：认知控制对于理解特质愤怒的内在机制没有作用，因此，在对高特质愤怒者进行诊断时，没有必要参考他在认知控制上的表现。这样的结果对于 Wilkowski 和 Robinson（2006, 2008a, 2008b）的理论构想而言是一个反例。在他们的理论框架中，认知控制是理解特质愤怒内部机制的重要因素之一，并有数个实验证据支持敌意启动认知控制与特质愤怒的关系。鉴于这种考虑，本研究的结果须慎重看待，并且需要开展更多实证研究来反复检验。

我们认为，之所以没能发现认知控制与特质愤怒之间的关系，可能有两个原因。首先，自我报告的测量是个体通过反省的方式来抽象自己的特征，而反应时的技术捕捉到的是自我与环境的即时交互作用，这两种方式测量到的东西本来就很难重叠，在本研究中，反应时技术测量到的指标与所有量表法测量到的指标都不存在显著的关系。尽管在研究二中检测到敌意启动的认知控制与控制外怒有微弱关系（0.20），但这一关系在研究三中也没能得到重复验证。另一个原因是我们的被试来源具有局限性。我们研究一和研究二中的被试均是北京高校的学生，由他们在特质愤怒上的得分范围（研究一：0.10~2.40；Mean=1.2；Std=0.50；研究二：0.10~2.00；Mean=1.1；Std=0.42）可以看出，他们的特质愤怒得分偏低，大多属于较温和的人。简而言之，我们缺少特质愤怒水平较高的被试。针对这一问题，我们在未来的研究中应该纳入更多元化的被试，特别是暴力犯之类的特殊人群。

尽管本研究有一部分问题没有能够得到圆满的回答，我们的工作还是取得了一些有价值的成果。我们修订的自我控制量表，为今后的研究和应用提供了一个不错的工具。我们在中国被试中考察了自我控制结构、区分了不同的自我控制对特质愤怒的独特预测作用，并揭示了一般性的自我控制水平与特质愤怒水平产生相关的途径，即具体愤怒控制倾向的中介作用。这些信息在今后从自我控制的角度诊断和干预与特质愤怒有关的问题时具有重要的参考价值。

2.10　结论

总而言之，我们的工作能够提供的信息有以下几点：

（1）评估社会情绪控制的工具——自我控制量表——在中国被试中具有良好的心理测量学属性，其全版和简版的内部一致性信度、重测信度、区分效度、聚合效度以及预测效度都达到标准，适合在中国文化背景下使用。

（2）自我控制在中国被试中也更加适合用两维结构来描述，即止动控制和启动控制，两者仅呈中等程度的正相关，相对独立。

（3）止动控制和启动控制都可以独立地预测特质愤怒，其中止动控制可以通过"控制外怒"与特质愤怒有关联；而启动控制既可以通过"控制外怒"，也可以通过"控制内怒"与特质愤怒有关联。

（4）两种认知控制（敌意启动的认知控制和敌意信息的注意转移）互相关联，但两者均与社会情绪控制没有关联，也与特质愤怒没有关联。

参考文献

［1］杜蕾.愤怒的动机方向［J］.心理科学进展，2012，20（11）:1843-1849.

［2］李凤芝，李昌吉，詹承烈，等.攻击性驾驶行为量表中文译本的效度和信度［J］.中国行为医学科学，2002，12（3）:335-337.

［3］李孜佳，顾海根.公交车驾驶员工作倦怠问题研究［J］.山东交通学院学报，2009，17（2）:10-15.

［4］刘睿哲，周仁来，Oeh，M.中德驾驶员驾驶愤怒行为比较［J］.人类功效学，2013，19（1）:10-15.

［5］谭树华，郭永玉.大学生自我控制量表的修订［J］.中国临床心理学杂志，2008，16（5）:468-470.

［6］谭树华，许燕，王芳，宋婧.自我损耗:理论、影响因素及研究走向［J］.心理科学进展，2012，20（5）:715-725.

［7］俞丰，郭永玉，涂阳军.触发式替代攻击:概念、范式与实验证据［J］.心理研究，2011，4（2）:57-64.

［8］朱湘如，刘昌.前扣带回功能的冲突监测理论［J］.心理科学进展，2005，13（6）:767-773.

［9］Ahadi, S., & Rothbart, M. K. Temperament, development and the Big Five[M]. In C. F. Halverson, D. Kohnstamm, & R. Martin （Eds.）, Development of the structure of temperament and personality from infancy to adulthood[M](pp. 189 - 208). Hillsdale, NJ: Erlbaum, 1994.

[10] Albert, D., Jonik, R., & Walsh, M. Hormonedependent aggression in male and female rats: Experiential, hormonal, and neural foundations [J]. Neuroscience & Biobehavioral Reviews, 1992, 16 (2):177-192.

[11] American Psychiatric Association. Diagnostic and statistical manual of mental disorders (4th ed., rev.) [M]. Washington, DC: Author, 2000.

[12] Amir, N., McNally, F. J., Riemann, B. C., Burns, J., Lorenz, M., & Mullen, J. T. Suppression of the Emotional Stroop Effect by Increased Anxiety in Patients with Social Phobia [J]. Behavior Research and Therapy, 1996, 34:945-948.

[13] Anderson, C. A., & Bushman, B. J. Human aggression [J]. Annual Review of Psychology, 2002, 53:27-51.

[14] Anderson, S. F., & Lawler, K. A. The Anger Recall Interview and Cardiovascular Reactivity in Women: An Examination in Context and Experience [J]. Journal of Psychosomatic Research, 1995, 39:335-343.

[15] Anderson, S. W., Bechara, A., Damasio, H., Tranel, D., & Damasio, A. R. Impairment of social and moral behavior related to early damage in human prefrontal cortex [J]. Nature Neuroscience, 1999, 2:1032-1037.

[16] Anton, S. D., & Miller, P. M. Do negative emotions predict alcohol consumption, saturated fat intake, and physical activity in older adults[J]? Behavior Modification, 2005, 29:677-688.

[17] Aron, A. R., Robbins, T. W., & Poldrack, R. A. Inhibition and the right inferior frontal cortex [J]. Trends in Cognitive Sciences, 2004, 8:170-77.

[18] Averill, J. R. Anger and aggression: an essay on emotion [M]. New York: Springer/Verlag, 1982.

[19] Averill, J. R. Studies on Anger and Aggression: Implications for Theories of

Emotion [J]. American Psychologist, 1983, 38:1145–1160.

[20] Balconi, M., & Mazza, G. Lateralisation effect in comprehension of emotional facial expression: A comparison between EEG alpha band power and behavioural inhibition (BIS) and activation (BAS) systems [J]. Laterality: Asymmetries of Body, Brain and Cognition, 2010, 15 (3):361–384.

[21] Balliet, D., & Joireman, J. Ego depletion reduces proselfs' concern with the well-being of others [J]. Group Processes & Intergroup Relations, 2010, 13:227–239.

[22] Banfield, J. F., Wyland, C. L., Macrae, C. N., & Heatherton, T. F. The cognitive neuroscience of self-regulation [M]. In R. F. Baumeister & K. D. Vohs (Eds.), Handbook of self-regulation: Research, theory, and applications (pp. 62 – 83). New York: Guilford, 2004.

[23] Barch, D. M., Braver, T. S., Akbudak, E., et al. Anterior cingulated cortex and response conflict: effects of response modality and processing domain [J]. Cerebral Cortex, 2001, 11 (9): 837–848.

[24] Barefoot, J. C., Dahlstrom, W. G., & Williams, R. B. Hostility, CHD incidence, and total mortality: A 25-year follow-up study of 255 physicians [J]. Psychosomatic Medicihe, 1983, 45:5943.

[25] Barefoot, J. C., Peterson, B. L., Dahlstrom, W. G., Siegler, I. C., Anderson, N. B., & Williams, R. B., Jr. Hostility Patterns and Health Implications: Correlates of Cook–Medley Hostility Scores in a National Survey [J]. Health Psychology, 1991, 10: 18–24.

[26] Bargh, J. A., & Chartrand, T. L. The unbearable automaticity of being [J]. American Psychologist, 1999, 54: 462–479.

[27] Baron–Cohen, S. Mindblindness: An essay on autism and theory of mind [M]. Cambridge, Boston: MIT Press/Bradford Books, 1995.

［28］Barratt, E. S. Anxiety and impulsiveness related to psychomotor efficiency［J］. Percept Motor Skills, 1959, 9:191-198.

［29］Barrick, M. R., & Mount, M. K. The Big Five personality dimensions and job performance: A meta analysis［J］. Personnel Psychology, 1991, 44: 1-26.

［30］Baumeister, R. F. Ego depletion and the self's executive function［M］. In A. Tesser & R. B. Felson（Eds.）, Psychological perspectives on self and identity（pp. 9 - 33）. Washington, DC, US: American Psychological Association, 2000.

［31］Baumeister, R. F. Ego depletion, the executive function, and self-control: An energy model of the self in personality［M］. In B. W. Roberts & R. Hogan（Eds.）, Personality psychology in the workplace, Decade of behavior（pp. 299-316）. Washington, DC, US: American Psychological Association, 2001.

［32］Baumeister, R. F., & Vohs, K. D. Handbook of selfregulation: Research, theory, and applications［M］. New York: Guilford Press, 2004.

［33］Baumeister, R. F., Bratslavsky, E., Muraven, M., & Tice, D. M. Ego depletion: Is the active self a limited resource？［J］. Journal of Personality and Social Psychology, 1998, 74:1252-1265.

［34］Baumeister, R. F., Heatherton, T. F., & Tice, D. M. Losing control: How and why people fail at self-regulation［M］. San Diego, CA: Academic Press, 1994.

［35］Baumeister, R. F., Muraven, M., & Tice, D. M. Ego depletion: A resource model of volition, self-regulation, and controlled processing［J］. Social Cognition, 2000, 18:130-150.

［36］Bechara, A., Damasio, H., Tranel, D., & Anderson, S. W. Dissociation of working memory from decision making within the human prefrontal cortex［J］. Journal of Neuroscience, 1998, 18（1）:428-437.

[37] Bechara, A., Tranel, D., & Damasio, H. Characterization of the decision-making deficit of patients with ventromedial prefrontal cortex lesions [J]. Brain, 2000, 123: 2189-2202.

[38] Beck, A. T. Cognitive Therapy and Emotional Disorders [M]. New York: International Universities Press, 1976.

[39] Beck, A. T. Depression: Clinical, Experimental and Theoretical Aspects [M]. New York: Harper & Row, 1982.

[40] Beck, A. T., Wright, F. D., Newman, C. F., & Liese, B. S. Cognitive therapy for substance abuse (2nd ed.) [M]. New York: Guilford, 1993.

[41] Beerenbaum, H., Fujita, F., & Pfennig, J. Consistency, Specificity and Correlates of Negative Emotions [J]. Journal of Personality and Social Psychology, 1995, 68 (2): 342-352.

[42] Bentler, P. M. Comparative fit indexes in structural models [J]. Psychological Bulletin, 1990, 107: 238-246.

[43] Bentler, P. M. On the Fit of Models to Covariance and Methodology to Bulletin [J]. Psychological Bulletin, 1992, 112: 400-404.

[44] Berkowitz, L. Aggression: Its Causes, Consequences and Control [M]. New York: McGraw-Hill, 1993.

[45] Bettencourt, B. A., Talley, A., Benjamin, A. J., & Valentine, J. Personality and aggressive behavior under provoking and neutral conditions: A meta-analytic review [J]. Psychological Bulletin, 2006, 132: 751-777.

[46] Bjorklund, G. M. Driver Irritation and Aggressive Behaviour [J]. Accident Analysis and Prevention, 2008, 40 (3): 1069-1077.

[47] Blair, C., & Razza, R. P. Relating Effortful Control, Executive Function, and False Belief Understanding to Emerging Math and Literacy Ability in Kindergarten [J]. Child Development, 2007, 78 (2): 647-663.

[48] Block, J., Block, J. H. The role of ego-control and ego-resiliency in the

organization of behavior [M] . In W. A. Collins （Ed.）, Development of cognition, affect and social relations: The Minnesota symposia on child psychology（Vol. 13, pp. 39 - 101）. Hillsdale, NJ: Erlbaum, 1988.

[49] Bone, S. A., Mowen, J. C. Identifying the Traits of Aggressive and Distracted Drivers: A Hierarchical Trait Model Approach [J] . Journal of Consumer Behaviour, 2006, 5（5）: 454-464.

[50] Botvinick, M. M., Braver, T. S., Carter, C. S., Barch, D. M., & Cohen, J. D. Conflict monitoring and cognitive control [J] . Psychological Review, 2001, 108（3）: 624-652.

[51] Botvinick, M. M., Cohen, J. D., & Carter, C. D. Conflict monitoring and anterior cingulate cortex: an update [J] . Trends in Cognitive Sciences, 2004, 8: 539-546.

[52] Botvinick, M. M., Nystrom, L. E., Fissell, K., et al. Conflict monitoring versus selection-for-action in anterior cingulated cortex [J] . Nature, 1999, 402: 179-181.

[53] Bower, G. Mood and Memory [J] . American Psychologist, 1981, 36: 129-148.

[54] Bowlby, J. Attachment and loss: Vol. 1. Attachment [M] . New York: Basic Books, 1969.

[55] Bradley, M. M., & Lang, P. J. Emotion and motivation [M] . In J. T. Cacioppo, L. G. Tassinary & G. G. Berntson（Eds.）, Handbook of psychophysiology（3rd ed., pp. 581-607）. New York: Cambridge University Press, 2007.

[56] Brislin, R. W. Back-translation for cross-cultural research [J] . Journal of Cross-Cultural Psychology, 1970, 1: 185-216.

[57] Brookshire, G., & Casasanto, D. Motivation and motor control: Hemispheric specialization for motivation reverses with handedness [M] . In L. Carlson,

C. Hölscher, & T. Shipley (Eds.), Proceedings of the 33rd annual conference of the cognitive science society (pp. 2610–2615). Austin, TX: Cognitive Science Society, 2011.

[58] Browne, K., & Howells, K. Violent offenders [M]. In C. R. Hollin (Ed.), Working with offenders: Psychological practice in offender rehabilitation (pp. 188–210). Chichester: Wiley, 1996.

[59] Browne, M. W., & Cudeck, R. Alternative ways of assessing model fit [M]. K.A.Bollen, J.S.Long (Eds.), Testing structural equation models (pp.136–162). Newbury park, CA: Sage, 1993.

[60] Greenfeld,L. Child victimizers: Violent offenders and their victims [M]. Washington, D.C.: U.S. Bureau of Justice Statistics.

[61] Burns, J. W., & Katkin, E. S. (1993). Psychological, Situational and Gender Predictors of Cardiovascular Reactivity to Stress: A Multivariate Approach [J]. Journal of Behavioral Medicine, 1996, 16: 445–465.

[62] Bush, G., Luu, P., & Posner, M. I. Cognitive and emotional influences in anterior cingulate cortex [J]. Trends in Cognitive Science, 2000, 4: 215–222.

[63] Bushman, B. J., & Anderson, C. A. Methodology in the study of aggression: Integrating experimental and nonexperimental findings [M]. In R. G. Geen & E. Donnerstein (Eds.), Human aggression: Theories, research, and implications for social policy (pp. 23–48). San Diego, CA: Academic Press, 1998.

[64] Bushman, B. J., & Huesmann, L. R. Aggression [M]. In S.T. Fiske, D.T. Gilbert, G. Lindzey (Eds.), Handbook of social psychology (5th ed). New York, NY: Wiley, 2010: 833–863.

[65] Buss, A. H., & Durkee, A. The measurement of hostility in clinical situations [J]. Journal of Consulting Psychology, 1957, 21: 343–349.

[66] Buss, A. H., & Perry, M. The aggression questionnaire [J]. Journal of Personality and Social Psychology, 1992, 63: 452–459.

[67] Butler, E. A., Lee, T. L., & Gross, J. J. Emotion regulation and culture: Are the social consequences of emotion suppression culture–specific? [J]. Emotion, 2007, 7: 30–48.

[68] Butler, E. A., Lee, T. L., & Gross, J. J. Does expressing your emotions raise or lower your blood pressure? The answer depends on cultural context [J]. Journal of Cross–Cultural Psychology, 2009, 40: 510–517.

[69] Byrne, B. Structural equation modeling with LISREL, PRELIS, and SIMPLIS (1st ed.) [M]. Mahwah, NJ: Lawrence Erlbaum, 1998.

[70] Calkins, S. D., Dedmon, S. E., Gill, K., Lomax, L. E., & Johnson, L. M. Frustration in infancy: Implications for emotion regulation, physiological processes, and temperament [J]. Infancy, 2002, 3: 175–197.

[71] Caprara, G. V. La misura dell aggressivita: Contributo di recerca per la costruzione e la validazione di due scale per la misura dell irritabilita e della suscettibilita emotive [M]. Giornale Italiano di Psicologia, 1983, 1: 91–111.

[72] Carli, L. L. Gender, Language and Influence [J]. Interpersonal Relations and Group Processes, 1990, 59: 941–951.

[73] Carter, C. S., Macdonald, A. M., Botvinick, M., Ross, L. L., Stenger, V. A., Noll, D., & Cohen, J. D. Parsing executive processes: strategic vs. evaluative functions of the anterior cingulate cortex [J]. PNAS, 2000, 97: 1944–1948.

[74] Carver, C. S., & Harmon–Jones, E. Anger is an approach–related affect: Evidence and implications [J]. Psychological Bulletin, 2009, 135 (2): 183–204.

[75] Carver, C. S., & Scheier, M. F. Control theory: A useful conceptual

framework for personality-social, clinical, and health Psychology [J] . Psychological Bulletin, 1982, 92: 111-135.

[76] Carver, C. S., Scheiver, S. F., & Weintraub, J. K. Assessing Coping Strategies: a Theoretically Based Approach [J] . Journal of Personality and Social Psychology, 1989, 56: 267-283.

[77] Casey, B. J., Jones, R. M., & Hare, T. A. The adolescent brain [J] . Annals of the New York Academy of Sciences, 2008, 1124: 111-126.

[78] Casey, B. J., Trainor, R. J., Orendi, J. L., et al. A developmental functional MRI study of prefrontal activation during performance of a Go-No-Go task [J] . Journal of Cognitive Neuroscience, 1997, 9 (6) : 835-847.

[79] Caspi, A. Personality development across the life course [M] . In W. Damon (Series Ed.) , N. Eisenberg (Volume Ed.) , Handbook of child psychology: Vol. 3. Social, emotional, and personality development (5th ed., pp. 311-388) . New York: Wiley, 1998.

[80] Caspi, A., & Shiner, R. L. Personality development [M] . In W. Damon & R. Lerner (Series Eds.) & N. Eisenberg (Vol. Ed.) , Handbook of child psychology, Vol. 3. Social, emotional, and personality development (6th ed., pp. 300-365) . New York: Wiley, 2006.

[81] Cheung, F. M., Leung, K., Fan, R. M., Song, W. Z., Zhang, J. X., & Zhang, J. P. Development of the Chinese Personality Assessment Inventory [J] . Journal of Cross-Cultural Psychology, 1996, 27: 181-199.

[82] Chiappe, D., & MacDonald, K. B. The evolution of domain-general mechanisms in intelligence and learning [J] . Journal of General Psychology, 2005, 132 (1) : 5-40.

[83] Clark, L. A. Schedule for Nonadaptive and Adaptive Personality (SNAP) [M] . Minneapolis: University of Minnesota Press, 1993.

[84] Condry, J. C., Jr., & Ross, D. F. Sex and Aggression: the Influence of

Gender Label on the Perception of Aggression in Children [J] . Child Development, 1985, 56: 225–233.

[85] Cook, W. W., & Medley, D. M. Proposed hostility and pharisaic–virtue scales for the MMPI [J] . The Journal of Applied Psychology, 1954, 38: 414–418.

[86] Cosmides, L. The logic of social exchange: Has natural selection shaped how humans reason ? [J] . Studies with the wason selection task. Cognition, 1989, 31: 187–276.

[87] Costa, P. T., Jr., & McCrae, R. R. Normal personality assessment in clinical practice: The NEO Personality Inventory [J] . Psychological Assessment, 1992, 4:5–13.

[88] Costa, P. T., Jr., McCrae, R. R., & Dembroski, T. M. Agreeableness versus antagonism: Explication of a potential risk factor for CHD[M]. In A. W. Siegman & T. M. Dembroski (Eds.),In search of coronary–prone behavior(pp. 41–63). Hillsdale, NJ: Lawrence Erlbaum, 1989.

[89] Cumberland–Li, A., Eisenberg, N., & Reiser, M. Relations of young children's agreeableness and resiliency to effortful control and impulsivity[J]. Social Development, 2004, 13: 193–212.

[90] Curtis, C. E., & D' Esposito, M. Persistent activity in the prefrontal cortex during working memory [J] . Trends in Cognitive Sciences, 2003, 7: 415–423.

[91] Curtis, C. E., & D' Esposito, M. The inhibition of unwanted actions [M] . In J. Bargh, P. Gollwitzer, & E. Moresella (Eds.), The psychology of action, Vol. 2. New York: Guilford, 2009.

[92] Dahaene, S., Posner, M. I., Tucker, D. M. Localization of a neural system for error detection an compensation [J] . Psychological Science, 1994, 5: 303–305.

［93］Dalton, J. E., Blain, G. H., & Bezier, B. State-Trait Anger Expression Inventory Scores of Male Sexual Offenders［J］. International Journal of Offender Therapy and Comparative Criminology, 1998, 42: 141.

［94］Davidson, R. J. Anxiety and affective style: Role of prefrontal cortex and amygdala［J］. Biological Psychiatry, 2002, 51: 68-80.

［95］Davidson, R. J., & Irwin, W. The functional neuroanatomy of emotion and affective style［J］. Trends in Cognitive Sciences, 1999, 3（1）: 11-21.

［96］Davidson, R. J., Jackson, D. C., & Kalin, N. H. Emotion, plasticity, context, and regulation: Perspectives from affective neuroscience［J］. Psychological Bulletin, 2000, 126: 890-909.

［97］De Boer, B. J., Van Hooft, E. A. J., & Bakker, A. B. Stop and Start Control: A Distinction within Self-control［J］. European Journal of Personality, published on line, 2010.

［98］Defenbacher, J. L. Trait Anger: Theory, Findings and Implications［M］. In C. D. Spielberger & J. N. Butcher (Eds.), Advances in Personality Assessment. (Vol. 9, pp. 117-201). Hillsdale, NG: Lawrence Erlbaum Associates, 1992.

［99］Defenbacher, J. L. Cognitive-Behavior Conceptualization and Treatment of Anger［J］. Journal of Clinical Psychology/In Session: Psychotherapy in Practice. 1999, 55: 295-309.

［100］Deffenbacher, J. L. The Driving Anger Scale［M］. In J. Maltby, C. A. Lewis, & A. Hill (Eds.) , Commissioned Review of 300 Psychological Tests (pp. 287-292). Lampeter, Wales, UK: Edwin Mellen Press, 2000.

［101］Deffenbacher, J. L., Huff, M. E., Lynch, R. S., Oetting, E. R., & Salvatore, N. F. Characteristics and Treatment of High Anger Drivers［J］. Journal of Counseling Psychology, 2000, 47: 5-17.

［102］Deffenbacher, J. L., Lynch, R. S., Oetting, E. R., & Yingling, D. A.

Driving Anger: Correlates and a Test of State-Trait Theory [J] . Personality and Individual Difference, 2001, 31: 1321-1331.

[103] Deffenbacher, J. L., Oetting, E. R., & Lynch, R. S. Development of a Driving Anger Scale [J] . Psychological Reports, 1994, 74: 83-91.

[104] Dehaene, S., & Naccache, L. Towards a cognitive neuroscience of consciousness: Basic evidence and a workspace framework [J] . Cognition, 2001, 79: 1-37.

[105] Dembroski, T. M., & Costa, P. T. Coronary-prone behavior: Components of the Type A pattern and hostility [J] . Journal of Personality, 1987, 55, 211-236.

[106] Dengerink, H. A., Schnedler, R. W., & Covey, M. V. The role of avoidance in aggressive responses to attack and no attack [J] . Journal of Personality and Social Psychology, 1978, 36, 1044-1053.

[107] Denson, T. F. Individual differences in displaced aggression as a risk factor for poor cardiovascular health [M] . In S.Y. Bhave, S. Saini (Eds.), Anger-Hostility-Aggression Syndrome and Cardiovascular Disease (pp.110-118) . New Dehli: Anamaya Publications, 2008.

[108] Denson, T. F., Pedersen, W. C., & Miller, N. The Displaced Aggression Questionnaire [J] . Journal of Personality and Social Psychology, 2006, 90: 1032-1051.

[109] Denson, T. F., Peterson, W. C., Ronquillo, J., & Miller, N. Trait displaced aggression, physical health, and life satisfaction: A process model [M] . In S. Boag (Ed.), Personality down under: Perspectives from Australia. Hauppauge, NY, US: Nova Science Publications, 2008: 203-211.

[110] Derryberry, D., & Rothbart, M. K. Arousal, affect, and attention as components of temperament [J] . Journal of Personality and Social

Psychology, 1988, 55: 958–966.

[111] DeWall, C. N., Baumeister, R. F., Mead, N. L., & Vohs, K. D. How leaders self–regulate their task performance: Evidence that power promotes diligence, depletion, and disdain [J]. Journal of Personality and Social Psychology, 2010, 100: 47–65.

[112] DeWall, C. N., Baumeister, R. F., Stillman, T., & Gailliot, M. T. Violence restrained: Effects of self–regulation and its depletion on aggression [J]. Journal of Experimental Social Psychology, 2007, 43: 62–76.

[113] Dias, R., Robbins, T. W., & Roberts, A. C. Dissociation in prefrontal cortex of attentional and affective shifts [J]. Nature, 1996, 380: 69 – 72.

[114] Diestel, S., & Schmidt, K. H. Costs of simultaneous coping with emotional dissonance and self–control demands at work: Results from two German samples [J]. Journal of Applied Psychology, 2010, 96: 643–653.

[115] Digman, J. M. Personality structure: Emergence of the five–factor model [J]. Annual Review of Psychology, 1990, 41: 417–440.

[116] Digman, J. M. The curious history of the five–factor model [M]. In J. S. Wiggins (Ed.), The five–factor model of personality: Theoretical perspectives (pp. 1 – 20). New York: Guilford, 1996.

[117] Digman, J. M., & Inouye, J. Further specification of the five robust factors of personality [J]. Journal of Personality and Social Psychology, 1986, 50: 116–123.

[118] Digman, J. M., & Takemoto–Chock, N. K. Factors in the natural language of personality: Re–analysis, comparison, and interpretation of six major studies [J]. Multivariate Behavioral Research, 1981, 16: 149–170.

[119] Dodge, K. A., & Coie, J. D. Social information–processing factors in reactive and proactive aggression in children's playgroups [J]. Journal of Personality and Social Psychology, 1987, 53: 1146–1158.

[120] Dolan, R. J. On the neurology of morals [J] . Nature Neuroscience, 1999, 2 (11) : 927-929.

[121] Donnellan, M. B., Oswald, F. L., Baird, B. M., & Lucas, R. E. The mini-IPIP scales: Tiny-yet-effective measures of the Big Five factors of personality [J] . Psychological Assessment, 2006, 18: 192-203.

[122] Drevets, W. C., & Raichle, M. E. Reciprocal suppression of regional cerebral blood flow during emotional versus higher cognitive processes: Implications for interactions between emotion and cognition [J] . Cognition and Emotion, 1998, 12: 353-385.

[123] Duckworth, A. L., & Seligman, M. E. P. Self-discipline outdoes IQ in predicting academic performance of adolescents [J] . Psychological Science, 2005, 16: 939-944.

[124] Eckhardt, I. E., & Cohen, D. J. Attention to Anger-Relevant and Irrelevant Stimuli Following Naturalistic Insult [J] . Personality and Individual Differences, 1997, 23: 619-629.

[125] Eisenberg, N., Fabes, R. A., Guthrie, I., Murphy, B. C., Maszk, P., Holmgren, R., et al. The relations of regulation and emotionality to problem behavior in elementary school children [J] . Development and Psychopathology, 1996, 8: 141-162.

[126] Eisenberg, N., Fabes, R. A., Nyman, M., Bernzweig, J., & Pinuelas, A. The relations of emotionality and regulation to children's anger-related reactions [J] . Child Development, 1994, 65: 109-128.

[127] Eisenberg, N., Smith, C. L., Sadovsky, A., & Spinrad, T. L. Effortful control: Relations with emotion regulation, adjustment, and socialization in childhood [M] . In R. F. Baumeister & K. D. Vohs (Eds.) , Handbook of self-regulation: Research, theory, and applications (pp. 259 - 282) . New York, NY: Guilford, 2004.

[128] Eisenberg, N., Spinrad, T. L., Fsabes, R. A., Reiser, M., Cumberland, A., Shepard, S. A., et al. The relations of effortful control and impulsivity to children's resiliency and adjustment [J]. Child Development, 2004, 75: 25-46.

[129] Ekman, P. Basic emotions [M]. In T. Dalgleish & M. J. Power (Eds.), Handbook of cognition and emotion (pp. 45-60). Chichester, U.K: Wiley, 1999.

[130] Elliot, A. J. The Hierarchical model of approach-avoidance motivation [J]. Motivation and Emotion, 2006, 30 (2): 111-116.

[131] Elliot, A. J., & Covington, M. V. Approach and avoidance motivation [J]. Educational Psychology Review, 2001, 13 (2): 73-92.

[132] Elliott, M., Browne, K., & Kilcoyne, J. Child sexual abuse prevention: What offenders tell us [J]. Child Abuse and Neglect, 1995, 19 (5): 579-594.

[133] Engle, R. W., Conway, A. R. A., Tuholski, S. W., & Shisler, R. J. A resource account of inhibition [J]. Psychological Science, 1995, 6: 122-125.

[134] Eriksen, B. A., & Eriksen, C. W. Effects of noise letters upon the identification of a target letter in a nonsearch task [J]. Perception and Psychophysics, 1974, 16 (1): 143-149.

[135] Fehrenbach, P. A., Smith, W., Monastersky, C., & Diesher, R. W. Adolescent sexual offenders: Offender and offense characteristics [J]. American Journal of Orthopsychiatry, 1986, 56: 225-233.

[136] Fetterman, A. K., Robinson, M. D., Gordon, R. D., & Elliot, A. J. Anger as seeing red: Perceptual sources of evidence [J]. Social Psychological and Personality Science, 2011, 2 (3): 311-316.

[137] Finch, J. F., & West, S. G. The investigation of personality structure:

Statistical models [J] . Journal of Research in Personality, 1997, 31: 439–485.

[138] Finkel, E. J., & Campbell, W. K. Self–control and accommodation in close relationships: An interdependence analysis [J] . Journal of Personality and Social Psychology, 2001, 81: 263–277.

[139] Fischer, D. G., & McDonald, W. L. Characteristics of intrafamilial and extrafamilial child sexual abuse [J] . Child Abuse and Neglect, 1998, 22 (9): 915–929.

[140] Fischer, P., Greitemeyer, T., & Frey, D. Ego depletion and positive illusions: Does the construction of positivity require regulatory resources? [J] . Personality and Social Psychology Bulletin, 2007, 33: 1306–1321.

[141] Fischer, P., Greitemeyer, T., & Frey, D. Self–regulation and selective exposure: The impact of depleted self–regulation resources on confirmatory information processing [J] . Journal of Personality and Social Psychology, 2008, 94: 382–395.

[142] Fishbach, A., & Shah, J. Y. Self–control in action: Implicit dispositions toward goals and away from temptations [J] . Journal of Personality and Social Psychology, 2006, 90: 820–832.

[143] Forgays, D. G., Forgays, D. K., & Spielberger, C. D. Factor Structure of the State–Trait Anger Expression Inventory [J] . Journal of Personality Assessment, 1997, 69: 497–507.

[144] Forgays, D. G., Forgays, D. K., & Spielberger, C. D. Factor Structure of the State–Trait Expression Inventory for Older Adolescents [J] . Journal of Personality Assessment, 1999, 69 (3): 497–507.

[145] Forgays, D. K. Relationship between Type A Parenting and Adolescent Perception of Family Environment [J] . Adolescence, 1996, 31: 841–862.

[146] Forgays, D. K., Spielberger, C. D., Ottaway, S. A., & Forgays, D. G. Factor Structure of the State–Trait Anger Expression Inventory for Middle–Aged Men and Women [J] . Assessment, 1998, 5: 141–155.

[147] Franklin, B. Poor Richard' s almanack [M] . Philadelphia: Author, 1734.

[148] Freud, S. Civilization and Its Discontents [M] . New York: W.W. Norton, 1964.

[149] Friedman, H. S. Long–term relations of health: Dynamisms, mechanisms, and tropisms [J] . Journal of Personality, 2000, 68: 1089–1107.

[150] Friedman, M., & Rosenman, R. H. Type–A behavior and your heart [M] . Greenwich, CT: Fawcett, 1974.

[151] Fuqua, D. R., Leonard, E., Masters, M. A., Smith, R. J., Campbell, J. L., & Fischer, P. C. A Structural Analysis of the State–Trait Expression Inventory [J] . Educational and Psychological Measurement, 1991, 51: 439–446.

[152] Gailliot, M. T., & Baumeister, R. F. The physiology of willpower: Linking blood glucose to self–control [J] . Personality and Social Psychology Review, 2007, 11: 303–327.

[153] Gailliot, M. T., Baumeister, R. F., DeWall, C. N., Maner, J. K., Plant, E. A., Tice, D. M., et al. Self–control relies on glucose as a limited energy source: Willpower is more than a metaphor [J] . Journal of Personality and Social Psychology, 2007, 92: 325–336.

[154] Gailliot, M. T., Hildebrandt, B., Eckel, L. A., & Baumeister, R. F. A theory of limited metabolic energy and premenstrual syndrome symptoms: Increased metabolic demands during the luteal phase divert metabolic resources from and impair self–control [J] . Review of General Psychology, 2010, 14: 269–282.

[155] Gallo, L.C., & Matthews, K. A. Understanding the association between socioeconomic status and health: Do negative emotions play a role? [J]. Psychological Bulletin, 2003, 129: 1s0–51.

[156] Gansler, D. A., Lee, A. K. W., Emerton, B. C., D'Amato, C., Bhadelia, R., Jerram, M., et al. Prefrontal regional correlates of self-control in male psychiatric patients: Impulsivity facets and aggression [J]. Psychiatry Research: Neuroimaging, 2011, 191: 16–23.

[157] Gardner, H. Frames of Mind [M]. New York: Basic Books, 1983.

[158] Gazzaley, A., & D'Esposito, M. Unifying prefrontal cortex function [M]. In B. Miller & J. Cummings (Eds.), The human frontal lobes (pp. 187–206). New York: Guilford, 2008.

[159] Geary, D. C. The origin of mind: Evolution of brain, cognition, and general intelligence [M]. Washington, DC: American Psychological Association, 2005.

[160] Geeraert, N., & Yzerbyt, V. Y. How fatiguing is dispositional suppression? Disentangling the effects of procedural rebound and ego-depletion [J]. European Journal of Social Psychology, 2007, 37: 216–230.

[161] Gehring, W. J., Fencsik, D. Slamming on the brakes: an electrophysiological study of error response inhibition [C]. Poster presented at the annual meeting of the Cognitive Neuroscience Society, Washington DC, 1999.

[162] Gehring, W. J., Goss, B., Coles, M. G., et al. A neural system for error detection and compensation [J]. Psychological science, 1993, 4 (6): 385–390.

[163] George, B., Vogt, B. A., & Holmes, J., et al. Dorsal anterior cingulate cortex: A role in reward-based decision making[J]. PNAS, 2002, 99(1): 523–528.

［164］Gerardi-Caulton, G. Sensitivity to spatial conflict and the development of self-regulation in children 24-36 months of age ［J］. Developmental Science, 2000, 3: 397-404.

［165］Giancola, P. R. The Influence of Trait Anger on the Alcohol-Aggression Relation in Men and Women ［J］. Alcoholism: Clinical and Experimental Research, 2002, 26: 1350-1358.

［166］Giancola, P. R., Mezzich, A. C., & Tarter, R. E. Executive cognitive functioning, temperament, and antisocial behavior in conduct-disordered adolescent females ［J］. Journal of Abnormal Psychology, 1998, 107: 629-641.

［167］Giancola, P. R., Moss, H. B., Martin, C. S., Kirisci, L., & Tarter, R. E. Executive cognitive functioning predicts reactive aggression in boys at high risk for substance abuse: A prospective study ［J］. Alcoholism: Clinical and Experimental Research, 1996, 20: 740-744.

［168］Giner-Sorolla, R. Guilty pleasures and grim necessities: Affective attitudes in dilemmas of self-control ［J］. Journal of Personality and Social Psychology, 2001, 80: 206-221.

［169］Gino, F., Schweitzer, M. E., Mead, N. L., & Ariely, D. Unable to resist temptation: How self-control depletion promotes unethical behavior. Organizational Behavior and Human Decision Processes, 2011, 115: 191-203.

［170］Goetz, P., & Walters, D. The dynamics of recurrent behavior networks ［J］. Adaptive Behavior, 1997, 6 (2): 245-282.

［171］Goldberg, L. R. Language and individual differences: The search for universals in personality lexicons ［M］. In L. Wheeler (Ed.), Review of personality and social psychology (Vol. 2, pp. 141-165). Beverly Hills, CA: Sage, 1981.

[172] Goldberg, L. R. The structure of personality traits: Vertical and horizontal aspects [M]. In D. C. Funder, R. D. Parke, C. Tomlinson-Kease, y & K. Widaman (Eds.), Studying lives through time: Personality and development (pp. 169–188). Washington, DC: American Psychological Association, 1993.

[173] Goldman-Rakic, P. S. Circuitry of primate prefrontal cortex and regulation of behavior by representational memory [M]. In F. Plum (Ed.), Handbook of physiology. Section 1: The nervous system, Vol. 5, Higher functions of the brain (pp. 373–417). Bethesda, MD: American Physiological Society, 1987.

[174] Gratton, G., Coles, M. G., & Donchin, E. Optimizing the use of information: strategic control of activation and responses [J]. Journal of Experimental Psychology: General, 1992, 121 (4): 480–506.

[175] Gray, J. Consciousness: Creeping up on the hard problem [M]. Oxford, England: Oxford University Press, 2004.

[176] Gray, J. A., & McNaughton, N. The neuropsychology of anxiety: An enquiry into the functions of the septo-hippocampal system (Vol. 2) [M]. Oxford, UK: Oxford University Press, 2000.

[177] Gross, J. J. The Emerging Field of Emotion Regulation: An Integrative Review [J]. Review of General Psychology, 1998, 2: 271–299.

[178] Guo, S., Wagle, M., & Mathur, P. Toward molecular genetic dissection of neural circuits for emotional and motivational behaviors [J]. Developmental Neurobiology, 2012, 72 (3): 358–365.

[179] Hagger, M. S., Wood, C., Stiff, C., & Chatzisarantis, N. L. D. Ego depletion and the strength model of self-control: A meta-analysis [J]. Psychological Bulletin, 2010, 136: 495–525.

[180] Hamilton, R., Vohs, K. D., Sellier, A. L., & Meyvis, T. Being of

two minds: Switching mindsets exhausts self-regulatory resources [J].
Organizational Behavior and Human Decision Processes, 2011, 115: 13–
24.

[181] Harmon-Jones, E., & Allen, J. J. B. Behavioral activation sensitivity and
resting frontal EEG asymmetry: Covariation of putative indicators related to
risk for mood disorders [J]. Journal of Abnormal Psychology, 1997, 106
(1): 159–163.

[182] Harmon-Jones, E., & Allen, J. J. B. Anger and frontal brain activity: EEG
asymmetry consistent with approach motivation despite negative affective
valence [J]. Journal of Personality and Social Psychology, 1998, 74:
1310–1316.

[183] Harmon-Jones, E., & Honk, J. V. Introduction to a special issue on the
neuroscience of motivation and emotion [J]. Motivation and Emotion,
2012, 36 (1): 1–3.

[184] Harmon-Jones, E., & Peterson, C. K. Effect of trait and state approach
motivation on aggressive inclinations [J]. Journal of Research in
Personality, 2008, 42 (5): 1381–1385.

[185] Harmon-Jones, E., & Peterson, C. K. Supine body position reduces
neural response to anger evocation [J]. Psychological Science, 2009, 20
(10): 1209–1210.

[186] Harmon-Jones, E., Peterson, C. K., & Harmon-Jones, C. Anger,
motivation, and asymmetrical frontal cortical activations [M]. In
M. Potegal, G. Stemmler, & C. Spielberger (Eds.), International
Handbook of Anger: Constituent and Concomitant Biological,
Psychological, and Social Processes (pp. 61–78). New York: Springer,
2010.

[187] Harvey, A., Watkins, E., Mansell, W., & Shafran, R. Cognitive

behavioral processes across psychological disorders: A transdiagnostic approach to research and treatment [M] . New York: Oxford University Press, 2004.

[188] Hayes, S. C., Wilson, K. W., Gifford, E. V., Follette, V. M., & Strosahl, K. Emotional avoidance and behavioral disorders: A functional dimensional approach to diagnosis and treatment [J] . Journal of Consulting and Clinical Psychology, 1996, 64: 1152–1168.

[189] Haynes, S. G., Feinleib, M., & Kannel, W. B. The Relationship between Psychosocial Factors to Coronary Heart Disease in the Framingham Study [J] . American Journal of Epidemiology, 1980, 111: 37–58.

[190] He, J., Degnan, K. A., McDermott, J. M., Henderson, H. A., Hane, A. A., Xu, Q., et al. Anger and approach motivation in infancy: Relations to early childhood inhibitory control and behavior problems [J] . Infancy, 2010, 15 (3): 246–269.

[191] Hewig, J., Hagemann, D., Seifert, J., Naumann, E., & Bartussek, D. On the selective relation of frontal cortical asymmetry and anger–out versus anger–control[J] . Journal of Personality and Social Psychology, 2004, 87(6): 926–939.

[192] Hikosaka, K., & Watanabe, M. Delay activity of orbital and lateral prefrontal neurons of the monkey varying with different rewards [J] . Cerebral Cortex, 2000, 10: 263–271.

[193] Hinshaw, S. Impulsivity, emotion regulation, and developmental psychopathology: Specificity versus generality of linkages [J] . Annals of the New York Academy of Sciences, 2003, 1008: 149–159.

[194] Holmes, A. J., Pizzagalli, D. A. Response conflict and Frontocingulate dysfunction in unmedicated participants with major depression [J] . Neuropsychologia, 2008, 46: 2904–2913.

[195] Hongwanishkul, D., Happaney, K. R., Lee, W. S. C., & Zelazo, P. D. Assessment of hot and cool executive function in young children: Age-related changes and individual differences [J]. Developmental Neuropsychology, 2005, 8: 617-644.

[196] Horn, N. R., Dolan, M., Elliott, R., Deakin, J. F. W., & Woodruff, P. W. R. Response inhibition and impulsivity: An fMRI study [J]. Neuropsychologia, 2003, 41: 1959-1966.

[197] Hu, L., & Bentler, P. Cutoff criteria for fit indexes in covariance structure analysis: Conventional criteria versus new alternatives [J]. Structural Equation Modeling, 1999, 6: 1-55.

[198] Hubbard, J. A., Smithmyer, C. M., Ramsden, S. R., Parker, E. H., Flanagan, K. D., Dearing, K. F., et al. Observational, physiological, and self-report measures of children's anger: Relations to reactive versus proactive aggression [J]. Child Development, 2002, 73: 1101-1118.

[199] Hudson, S. M., & Ward, T. Attachment, anger, and intimacy in sexual offenders [J]. Journal of Interpersonal Violence, 1997, 12: 323-339.

[200] Humphreys, G. W., & Samson, D. Attention and the frontal lobes [M]. In M. S. Gazzaniga (Ed.), The cognitive neurosciences (pp. 607-618). Cambridge, MA: MIT Press, 2004.

[201] Ingram, R. E. Self-focused Attention in Clinical Disorder: Review of Conceptual Model [J]. Psychological Bulletin, 1990, 107: 156-176.

[202] Inzlicht, M., & Kang, S. K. Stereotype threat spillover: How coping with threats to social identity affects aggression, eating, decision making, and attention [J]. Journal of Personality and Social Psychology, 2010, 99: 467-481.

[203] Inzlicht, M., McKay, L., & Aronson, J. Stigma as ego depletion: How being the target of prejudice affects self-control [J]. Psychological

Science, 2006, 17: 262-269.

[204] Ironson, G., Taylor, C. B., Boltwood, M., Bartzokis, T., Dennis, C., Chesney, M. A., Spitzer, S., & Segall, G. M. Effects of Anger on left ventricular ejection fraction in coronary artery disease [J]. American Journal of Cardiology, 1992, 70: 281-285.

[205] James, L., McIntyre, M. D., Glisson, C. A., Green, P. D., Patton, T. W., LeBreton, J. M., et al. A conditional reasoning measure for aggression [J]. Organization Research Methods, 2005, 8: 69-99.

[206] Jensen-Campbell, L. M., Rosselli, M., Workman, K. A., Santisi, M., Rios, J. D., & Bojan, D. Agreeableness, conscientiousness, and effortful control processes [J]. Journal of Research in Personality, 2002, 36: 476-489.

[207] Job, V., Dweck, C. S., & Walton, G. M. Ego depletion-is it all in your head ? Implicit theories about willpower affect self-regulation [J]. Psychological Science, 2010, 21: 1686-1693.

[208] John, O. P., & Srivastava, S. The Big Five trait taxonomy: History, measurement, and theoretical perspectives [M]. In L. A. Pervin & O. P. John (Eds.), Handbook of personality: Theory and research (2nd ed., pp. 102-138). New York: Guilford, 1999.

[209] John, O., Caspi, A., Robins, R. W., Moffitt, T. E., & Sthouthamer-Loeber, M. The "little five": Exploring the nomological network of the five-factor model of personality in adolescent boys [J]. Child Development, 1994, 65: 160-178.

[210] Johnson, S. E., Richeson, J. A., & Finkel, E. J. Middle class and marginal ? Socioeconomic status, stigma, and self-regulation at an elite university [J]. Journal of Personality and Social Psychology, 2011, 100: 838-852.

［211］Joireman, J., Balliet, D., Sprott, D., Spangenberg, E., & Schultz, J. Consideration of future consequences, ego-depletion, and self-control: Support for distinguishing between CFC-Immediate and CFC-Future sub-scales ［J］. Personality and Individual Differences, 2008, 45: 15-21.

［212］Jöreskog, K., & Sörbom, D. LISREL 8: Structural equation modeling with the SIMPLIS command language ［M］. Chicago: Scientific Software International, 1993.

［213］Jr., R. B. A., Ambady, N., Macrae, C. N., & Kleck, R. E. Emotional expressions forecast approach-avoidance behavior ［J］. Motivation & Emotion, 2006, 30（2）: 177-186.

［214］Kalichman, S. C. Psychopathology and personality characteristics of criminal sexual offenders as a function of victim age ［J］. Archives of Sexual Behavior, 1991, 20: 187-197.

［215］Kalin, N. H. Primate models to understand human aggression ［J］. Journal of Clinical Psychiatry, 1999, 60（15）: 29-32.

［216］Kasimatis, M., & Wells, G. L. Individual Differences in Countfactual Thinking ［J］. In N. J. Roese & J. M. Olson （Eds.）, What might have been ? The Social Psychology of Countfactual Thinking （pp. 1-55）. Mahwah, NJ: Lawrence Erlbaum, 1995.

［217］Kassinove, H., & Sukhodolsky, D. G. Anger disorders: Science, Practice and Common Sense Issues ［M］. In H. Kassinove（Ed.）, Anger Disorders: Definition, Diagnosis and Treatment（pp. 1-26）. Washington, DC: Taylor & Francis, 1995.

［218］Kassinove, H., Roth, D., Owens, S. G., & Fuller, J. R. Effects of Trait Anger and Anger Expression Style on Competitive Attack Responses in a Wartime Prisoner's Dilemma Game ［J］. Aggressive Behaviour, 2002, 30: 31-45.

[219] Kassinove, H., Sukhodolsky, D. G. Anger disorders: basic science and practice issues [M]. In H. Kassinove editor, Anger disorders: definition, diagnosis, and treatment. Washington, DC: Taylor & Francis 1995.

[220] Kassinove, H., Sukhodolsky, D. G., Tsytsarev, S. V., & Solovyeva, S. Self-reported Constructions of Anger Episode in Russia and America [J]. Journal of Social Behavior and Personality, 1997, 12: 301-324.

[221] Kaufman, K. L., Holmberg, J. K., Orts, K. A., McCrady, F. E., Rotzien, A. L., Daleiden, E. L., & Hilliker, D. R. Factors influencing sexual offenders' modus operandi: An examination of victim-offender relatedness and age [J]. Child Maltreatment, 1998, 3: 349-361.

[222] Kerr, A., & Zelazo, P. D. The development of 'hot' executive function: The children's gambling task [J]. Brain and Cognition, 2004, 55: 148-157.

[223] Kieras, J. E., Tobin, R. M., & Graziano, W. G., & Rothbart, M. K. You can't always get what you want: Effortful control and children's reactions to undesirable gifts [J]. Psychological Science, 2005, 16 (5): 354-357.

[224] Kilpatrick, D. G., Resnick, H. S., Saunders, B. E., & Best, C. L. Rape, other violence against women, and posttraumatic stress disorder[M]. In B. P. Dohrenwend (Ed.), Adversity, stress, and psychopathology (pp. 132-163). New York: Oxford University Press, 1998.

[225] Kindlon, D. J., Mezzacappa, E., & Earls, F. Psychometric properties of impulsivity measures: Temporal stability, validity and factor structure [J]. Journal of Child Psychology and Psychiatry, 1995, 36: 645-661.

[226] King, J. Gender equity in education: 2006 [M]. Washington, DC: American Council on Education, 2006.

[227] Koch, C. The quest for consciousness: A neurobiological approach [M].

Englewood, CO: Roberts, 2004.

[228] Kochanska, G., & Knaack, A. Effortful control as a personality characteristic of young children: Antecedents, correlates, and consequences [J]. Journal of Personality, 2003, 71: 1087-1112.

[229] Kochanska, G., Murray, K. L., & Harlan, E. T. Effortful control in early childhood: Continuity and change, antecedents, and implications for social development [J]. Developmental Psychology, 2000, 36: 220-232.

[230] Kolb, B. Functions of the frontal cortex of the rat: A comparative review [J]. Brain Research Reviews, 1984, 8: 65-98.

[231] Kolb, B. Prefrontal cortex [M]. In B. Kolb & R. C. Tees (Eds.), The cerebral cortex of the rat (pp. 437-458). Cambridge, MA: MIT Press1990.

[232] Koss, M. Hidden rape: Sexual aggression and victimization in a national sample of students in higher education [M]. In M. E. Odem & J. Clay-Warner (Eds.), Confronting sexual assault (pp. 51-69). Wilmington, DE: SR Books, 1998.

[233] Krämer, U. M., Büttner, S., Roth, G., & Münte, T. F. Trait Aggressiveness Modulates Neurophysiological Correlates of Laboratory-induced Reactive Aggression in Humans [J]. Journal of Cognitive Neuroscience, 2008, 20: 1464-1477.

[234] Krueger, R. F., Caspi, A., Moffitt, T. E., White, J. L., & Stouthamer- Loeber, M. Delay of gratification, psychopathology, and personality: Is low self-control specific to externalizing problems? [J]. Journal of Personality, 1996, 64: 107-129.

[235] Kuebli, J., & Fivush, R. Gender differences in Parent-child Conversations about Past Emotions [J]. Sex Roles, 1992, 27: 683-688.

[236] Lachmund, E., DiGiuseppe, R., & Fuller, J. R. Clinicians' diagnosis of

a case with anger problems [J]. Journal of Psychiatric Research, 2005, 39: 439-447.

[237] Lajunen, T., Parker, D., & Stradling, S. G. Dimensions of Driver Anger, Aggressive and Highway Code Violations and Their Mediation by Safety Orientation in UK Drivers [J]. Transportation Research, 1998, 1 (2): 107-121.

[238] Lamb, M. E., Chuang, S. S., Wessels, H., Broberg, A. G., & Hwang, C. P. Emergence and construct validation of the Big Five factors in early childhood: A longitudinal analysis of their ontogeny in Sweden [J]. Child Development, 2002, 73: 1517-1524.

[239] Lawler, K. A., Harralson, T. L., Armstead, C. A., & Schmaid, L. A. Gender and Cardiovascular Responses: What is the Role of Hostility? [J]. Journal of Psychosomatic Research, 1993, 37: 603-613.

[240] Lechuga, J., & Fernandez, N. P. Assimilation and individual differences in emotion: The dynamics of anger and approach motivation [J]. International Journal of Intercultural Relations, 2011, 35 (2): 196-204.

[241] LeDoux, J. Emotion circuits in the brain [J]. Annual Review of Neuroscience, 2000, 23: 155-184.

[242] Letzring, T. D., Block, J., & Funder, D. C. Ego-control and ego-resiliency: Generalization of self-report scales based on personality descriptions from acquaintances, clinicians, and the self [J]. Journal of Research in Personality, 2005, 39: 395-422.

[243] Lieberman, M. D. Social cognitive neuroscience: A review of core processes [J]. Annual Review of Psychology, 2007, 58: 259-289.

[244] Liebsohn, M. T., Oetting, E. R., & Deffenbacher, J. L. Effects of trait anger on alcohol consumption and consequences [J]. Journal of Child and Adolescent Substance Abuse, 1994, 3: 17-32.

[245] Lightdale, J. R., & Prentice, D. A. Rethinking sex differences in aggression: Aggressive Behavior in the Absence of Social Roles. Personality of Social Psychology Bulletin, 1994, 20: 34–44.

[246] Lindquist, K. A., Wager, T. D., Kober, H., Bliss–Moreau, E., & Barrett, L. F. The brain basis of emotion: A meta–analytic review [J]. Behavioral and Brain Sciences, 2011, 173: 1–86.

[247] Lippolis, G., Bisazza, A., Rogers, L. J., & Vallortigara, G. Lateralisation of predator avoidance responses in three species of toads [J]. Laterality: Asymmetries of Body, Brain and Cognition, 2002, 7 (2): 163–183.

[248] Litt, M. D., Cooney, N. L., & Morse, P. Reactivity to alcohol related stimuli in the laboratory and in the field: Predictors of craving in treated alcoholics [J]. British Journal of Addiction, 2000, 95: 889–900.

[249] Loehlin, J. C. Latent variable models: An introduction to factor, path and structural analysis (3rd ed.) [M]. Mahwah, NJ: Lawrence Erlbaum, 1998.

[250] Lorenz, K. Foundations of ethology [M]. New York: Springer–Verlag, 1981.

[251] Lynch, R. S., Deffenbacher, J. L., Filetti, L. B., & Dahlen, E. R. Anger, Aggression and Risk Associated with Driving Anger [C]. Paper presented at the 107th Annual Convention of the American Psychological Association, Boston, Massachusetts, 1999.

[252] MacDonald, A. W., Cohen, J. D., Stenger, V. A., & Carter, C. S. Dissociating the role of Dorsolateral Prefrontal and Anterior Cingulate Cortex in cognitive control [J]. Science, 2000, 288: 1835–1838.

[253]MacDonald, K. Personality, development, and evolution[M]. In R. Burgess and K. MacDonald (Eds.), Evolutionary Perspectives on Human Development (2nd

ed., pp. 207 – 242). Thousand Oaks, CA: Sage, 2005.

[254] MacDonald, K. B. Evolution, the Five Factor Model, and levels of personality [J]. Journal of Personality, 1995, 63: 525–567.

[255] MacDonald, K. B. Effortful Control, Explicit Processing, and the Regulation of Human Evolved Predispositions [J]. Psychological Review, 2008, 115 (4): 1012–1031.

[256] MacDonald, K. B., Figueredo, A. J., Wenner, C. J., & Howrigan, D. Life history strategy, executive functions, and personality [C]. Paper presented at the meeting of the Human Behavior and Evolution Society, William and Mary College, Williamsburg, VA, 2007.

[257] MacLeod, C., & Hagan, R. Individual Differences in Selective Processing of Threatening Information, and Emotional Responses to a Stressful Life Event [J]. Behaviour Research and Therapy, 1992, 30: 151–161.

[258] MacLeod, C., & Rutherford, E. Anxiety and the Selective Processing of Information: Mediating Roles of Awareness, Trait and State Variables and Personal Relevance of Stimulus Information [J]. Behaviour, Research and Therapy, 1992, 30: 479–491.

[259] Marsh, H. W., Balla, J. R., & Hau, K. T. An evaluation of incremental fit indices: A clarification of mathematical and empirical properties [M]. In G. A. Marcoulides & R. E. Schumacker (Eds.), Advanced structural equation modeling, Issues and techniques [(pp. 315–353). Mahwah, NJ: Lawrence Erlbaum, 1996.

[260] Marshall, W. L., & Christie, M. M. Pedophilia and aggression [J]. Criminal Justice and Behavior, 1981, 8: 145–158.

[261] Marshall, W. L., & Eccles, A. Issues in clinical practice with sex offenders [J]. Journal of Interpersonal Violence, 1991, 6: 68–93.

[262] Martijn, C., Alberts, H. J. E. M., Merckelbach, H., Havermans, R.,

Huijts, A., & De Vries, N. K. Overcoming ego depletion: The influence of exemplar priming on self-control performance [J]. European Journal of Social Psychology, 2007, 37: 231-238.

[263] Martin, L. L., & Tesser, A. Some Ruminative Thoughts [M]. In R. S. Wyer, Jr (Eds.), Advances in Social Cognition (Vol. 9, pp. 1-48). Mahwah, NJ: Lawrence Erlbaum, 1996.

[264] Martin, R., Watson, D., & Wan, C. K. A Three-Factor Model of Trait Anger: Dimensions of Affect, Behavior, and Cognition [J]. Journal of Personality, 2000, 68: 869-897.

[265] Mathews, A., & MacLeod, C. Cognitive Approaches to Emotion and Emotional Disorders [J]. Annual Review of Psychology, 1994, 45: 25-50.

[266] Mazur, A. A biosocial model of status in face-to-face primate groups [J]. Social Forces, 1985, 64 (2): 377-402.

[267] McCormick, J. S., Maric, A., Seto, M. C., & Barbaree, H. E. Relationship to victim predicts sentence length in sexual assault cases [J]. Journal of Interpersonal Violence, 1998, 13: 413-420.

[268] McIntosh, W. D., & Martin, L. L. The Cybernetics of Happiness: the Relation between Goal Attainment, Rumination and Affect [M]. In M. S. Clark (Ed.), Review of Social and Personality (Vol. 14, pp. 222-246). Newbury Park, CA: Sage, 1992.

[269] McLinton, S. S., & Dollard, M. F. Work Stress and Driving Anger in Japan [J]. Accident Analysis and Prevention, 2010, 42 (1): 174-181.

[270] Metcalfe, J., & Mischel, W. A hot/cool-system analysis of delay of gratification: Dynamics of willpower [J]. Psychological Review, 1999, 106: 3-19.

[271] Mezzacappa, E., Kindlon, D., & Earls, F. Relations of age to

cognitive and motivational elements of impulse control in boys with and without externalizing behavior problems [J]. Journal of Abnormal Child Psychology, 1999, 27: 473–483.

[272] Miller, E. K., & Cohen, J. An integrative theory of prefrontal cortex function [J]. Annual Review of Neuroscience, 2001, 24: 167–202.

[273] Miller, T. Q., Jenkins, C. D., Kaplan, G. A., & Salonen, J. T. Are All Hostility Scale alike Factor Structure and Covariation among Measures of Hostility [J]. Journal of Applied Social Psychology, 1995, 25: 1142–1168.

[274] Miller, T. Q., Smith, T. W., Turner, C. W., Guijarro, M. L., & Hallet, A. J. Meta–analytic Review of Research on Hostility and Physical Health [J]. Psychological Bulletin, 1996, 119: 322–348.

[275] Mills, R. S., & Rubin, K. H. A Longitudinal Study of Maternal Beliefs about Children's Social Behaviors [J]. Merrill–Palmer Quarterly, 1992, 38: 494–512.

[276] Mischel, W., & Ayduk, O. Willpower in a cognitive–affective processing system: The dynamics of delay of gratification [M]. In R. F. Baumeister & K. D. Vohs (Eds.), Handbook of self–regulation (pp. 99–129). New York: Guilford, 2004.

[277] Miyake, A., Friedman, N. P., Emerson, M. J., Witzki, A. H., & Howerter, A. The unity and diversity of executive functions and their contributions to complex 'frontal lobe' tasks: A latent variable analysis[J]. Cognitive Psychology, 2000, 41: 49–100.

[278] Mogg, K., Bradley, B. P., Williams, R., & Mathews, A. Subliminal Processing of Emotional Information in Anxiety and Depression [J]. Journal of Abnormal Psychology, 1993, 102: 304–311.

[279] Mogg, K., Kentish, J., & Bradley, B. P. Effects of Anxiety and

Awareness Color Identification Latencies of Emotional Words [J] . Behaviour, Research and Therapy, 1993, 31: 559–567.

[280] Moller, A. C., Deci, E. L., & Ryan, R. M. Choice and ego–depletion: The moderating role of autonomy [J] . Personality and Social Psychology Bulletin, 2006, 32: 1024–1036.

[281] Morgan, A. B., & Lilienfeld, S. O. A meta–analytic review of the relation between antisocial behavior and neuropsychological measures of executive function [J] . Clinical Psychology Review, 2000, 20: 113–136.

[282] Morsella, E. The function of phenomenal states: Supramodular interaction theory [J] . Psychological Review, 2005, 112: 1000–1021.

[283] Mulaik, S. A., James, L. R., van Alstein, J., Bennett, N., Lind, S. & Stilwell, C. D. Evaluation of goodness–of–fit indices for structural equation models [J] . Psychological Bulletin, 1989, 105: 430–445.

[284] Muraven, M., & Baumeister, R. F. Self–regulation and depletion of limited resources: Does self–control resemble a muscle ? [J] . Psychological Bulletin, 2000, 126: 247–259.

[285] Muraven, M., & Shmueli, D. The self–control costs of fighting the temptation to drink [J] . Psychology of Addictive Behaviors, 2006, 20: 154–160.

[286] Muraven, M., & Slessareva, E. Mechanisms of self–control failure: Motivation and limited resources [J] . Personality and Social Psychology Bulletin, 2003, 29: 894–906.

[287] Muraven, M., Shmueli, D., & Burkley, E. Conserving self–control strength [J] . Journal of Personality and Social Psychology, 2006, 91: 524–537.

[288] Muraven, M., Tice, D. M., & Baumeister, R. F. Self–control as a limited resource: Regulatory depletion patterns [J] . Journal of Personality and Social Psychology, 1998, 74: 774–789.

［289］Murphy, F. C., Nimmo-Smith, I., & Lawrence, A. D. Functional neuroanatomy of emotions: A meta-analysis［J］. Cognitive, Affective, & Behavioral Neuroscience, 2003, 3（3）: 207-233.

［290］Murphy, K. R., & Lee, S. L. Personality variables related to integrity test scores: The role of conscientiousness［J］. Journal of British Psychology, 1994, 8: 413-424.

［291］Nesbit, S. M., Conger, J. C., Conger, A. J. A Quantitative Review of the Relationship between Anger and Aggressive Driving［J］. Aggression and Violent Behavior, 2007, 12（2）: 156-176.

［292］Nieuwenhuis, S., Yeung, N., et al. Electrophysiological correlates of anterior cingulate function in a go/no-go task: Effects of response conflict and trial type frequency［J］. Cognitive, Affective and Behavioral Neuroscience, 2003, 3（1）: 17-26.

［293］Nolen-Hoeksema, S. Chewing the cud and other ruminations［M］. In R. S. Wyer, Jr（Eds.）Advances in Social Cognition（Vol. 9, pp. 135-144）. Mahwah, NJ: Lawrence Erlbaum, 1996.

［294］Novaco, R.W. The functions and regulation of the arousal of anger［J］. Amercian Journal of Psychiatry, 1976, 133: 1124-1128.

［295］Ongur, D., & Price, J. L. The organization of networks within the orbital and medial prefrontal cortex of rats, monkeys and humans［J］. Cerebral Cortex, 2000, 10: 206-219.

［296］Oaten, M., & Cheng, K. Academic examination stress impairs self-control［J］. Journal of Social and Clinical Psychology, 2005, 24: 254-279.

［297］Oatley, K., & Jenkins, J. M. Human Emotions: Function and Dysfunction［J］. Annual Review of Psychology, 1992, 43: 55-85.

［298］Ochsner, K. N., & Gross, J. J. Thinking makes it so: A social cognitive neuroscience approach to emotion regulation［M］. In R. F. Baumeister & K.

D. Vohs (Eds.), Handbook of self-regulation: Research, theory, and applications (pp. 229–255). New York: Guilford, 2004.

[299] Olson, S. I., Sameroff, A. J., Kerr, D. C., Lopex, N. L., & Wellman, H. M. Developmental foundations of externalizing problems in young children: The role of effortful control [J]. Development and Psychopathology, 2005, 17: 25–45.

[300] Otaley, K. Best Laid Schemes: the Psychology of Emotions [M]. Cambridge, England: Cambridge University Press, 1992.

[301] Overman, W. H., Bachevalier, J., Schuhmann, E., & Ryan, P. Cognitive gender differences in very young children parallel biologically based cognitive gender differences in monkeys [J]. Behavioral Neuroscience, 1996, 110: 673–684.

[302] Owen, J. M. Transdiagnostic cognitive processes in high trait anger [J]. Clinical Psychology Review, 2011, 31: 193–202.

[303] Perry, D. G., Perry, L. C., & Weiss, R. J. Sex Differences in the Consequences that Children anticipate for aggression [J]. Developmental Psychology, 1989, 25: 312–319.

[304] Pickens, C. L., Saddoris, M. P., Setlow, B., Gallagher, M., Holland, P. C., & Schoenbaum, G. Different roles for orbito-frontal cortex and basolateral amygdala in a reinforcer devaluation task [J]. Journal of Neuroscience, 2003, 23: 11078–11084.

[305] Posner, M. I., & DiGirolamo, G. J. Cognitive neuroscience: Origins and promises [J]. Psychological Bulletin, 2000, 126: 873–889.

[306] Posner, M. I., & Rothbart, M. K. Developing mechanisms of self-regulation[J]. Development and Psychopathology, 2000, 12: 427–441.

[307] Posner, M.I. & Rothbart, M. K. Developing attention skills[M]. In J. Richards (ed.), Cognitive neuroscience of attention: A developmental perspective (pp. 317–323).

Mahwah, NJ: Erlbaum, 1998.

[308] Povinelli, D. J. Folk physics for apes: The chimpanzee's theory of how the world works [M]. New York: Oxford University Press, 2000.

[309] Price, D. A., & Yates, G. C. R. Ego depletion effects on mathematics performance in primary school students: Why take the hard road [J]? Educational Psychology, 2010, 30: 269-281.

[310] Price, T. F., Peterson, C. K., & Harmon-Jones, E. The emotive neuroscience of embodiment [J]. Motivation and Emotion, 2011, 36 (1): 27-37.

[311] Pulkkinen, L. The role of impulse control in the development of antisocial and prosocial behavior [M]. In D. Olweus, J. Block, & M. Radke-Yarrow (Eds.), Development of antisocial and prosocial behavior: Theories, research, and issues (pp. 149 - 175). New York: Academic Press, 1986.

[312] Raine, A. Annotation: The role of prefrontal deficits, low autonomic arousal, and early health factors in the development of antisocial and aggressive behavior in children [J]. Journal of Child Psychology and Psychiatry, 2002, 43: 417-434.

[313] Ren, J., Hu, L. Y., Zhang, H. Y., & Huang, Z. H. Implicit positive emotion counteracts ego depletion [J]. Social Behavior and Personality, 2010, 38: 919-928.

[314] Renner, K. E., & Wackettt, C. Sexual assault: Social and stranger rape [J]. Canadian Journal of Community Mental Health, 1987, 6: 49-56.

[315] Reuter, M., Weber, B., Fiebach, C. J., Elger, C., & Montag, C. The biological basis of anger: Associations with the gene coding for DARPP-32 (PPP1R1B) and with amygdala volume [J]. Behavioural Brain Research, 2009, 202 (2): 179-183.

[316] Coronary-Prone Behavior and Coronary Heart Disease: A Critical Review. The Review Panel on Coronary-prone behavior and coronary heart disease: A critical review [J]. Circulation, 1981, 63: 1199-1215.

[317] Richeson, J. A., & Shelton, J. N. When prejudice does not pay: Effects of interracial contact on executive function [J]. Psychological Science, 2003, 14: 287-290.

[318] Richeson, J. A., Trawalter, S., & Shelton, J. N. African Americans' implicit racial attitudes and the depletion of executive function after interracial interactions [J]. Social Cognition, 2005, 23: 336-352.

[319] Righetti, F., & Finkenauer, C. If you are able to control yourself, I will trust you: The role of perceived self-control in interpersonal trust [J]. Journal of Personality and Social Psychology, 2011, 100: 874-886.

[320] Roberts, A. C., & Wallis, J. D. Inhibitory control and affective processing in the prefrontal cortex: Neurophsychological studies in the common marmoset [J]. Cerebral Cortex, 2000, 10 (3): 252-262.

[321] Roberts, J. E., Gilboa, E., & Gotlib, I. H. Ruminative Response Style and Vulnerability to Episode of Dysphoria: Gender, Neuroticism and Episode Duration [J]. Cognitive Therapy and Research, 1998, 22: 401-423.

[322] Roberts, R. J., Hager, L. D., & Heron, C. Prefrontal cognitive processes: Working memory and inhibition in the antisaccade task [J]. Journal of Experimental Psychology: General, 1994, 123: 374-393.

[323] Robins, R. W., John, O. P., & Caspi, A. Major dimensions of personality in early adolescence: The Big Five and beyond [M]. In C. F. Halverson, G. A. Kohnstamm, & R. P. Martin (Eds.), The developing structure of temperament and personality from infancy to adulthood (pp. 267-291). Hillsdale, NJ: Erlbaum, 1994.

［324］Roese, N. J. Countfactual Thinking ［J］. Psychological Bulletin, 1997, 121: 133-148.

［325］Roese, N. J., & Olson, J. M. Countfactual Thinking: a Critique Overview ［M］. In N. J. Roese & J. M. Olson (Eds.), What might have been？ The Social Psychology of Countfactual Thinking (pp. 1-55). Mahwah, NJ: Lawrence Erlbaum, 1995.

［326］Rolls, E. T. The orbitofrontal cortex ［J］. Proceedings of the Royal Society of London, 1996, 351, 1433-1444.

［327］Rolls, E. T. The orbitofrontal cortex and reward ［J］. Cerebral Cortex, 2000, 10: 284-294.

［328］Rolls, E. T., Hornak, J., Wade, D., & McGrath, J. Emotion-related learning in patients with social and emotional changes associated with frontal lobe damage ［J］. Journal of Neurology, Neurosurgery, and Psychiatry, 1994, 57: 1518-1524.

［329］Rosenbaum, M. A schedule for assessing self-control behaviors: Preliminary findings ［J］. Behavior Therapy, 1980, 11: 109-121.

［330］Rothbart, M. K., Ahadi, S. A., & Evans, D. E. Temperament and personality: Origins and outcomes ［J］. Journal of Personality and Social Psychology, 2000, 78: 122-135.

［331］Rothbart, M. K., Ahadi, S. A., & Hershey, K. L. Temperament and social behavior in childhood ［J］. Merrill-Palmer Quarterly, 1994, 40: 21-39.

［332］Rothbart, M. K., Ahadi, S. A., Hershey, K., & Fisher, P. Investigations of Temperament at three to seven years: The Children's Behavior Questionnaire ［J］. Child Development, 2001, 72 (5): 1394-1408.

［333］Rothbart, M. K., Derryberry, D. & Posner, M. I. A psychobiological approach to the development of termperament〔M〕. In J.E. Bates & T.D. Wachs（eds.），Temperament: Individual Differences at the Interface of Biology and Behavior（pp. 83-116）. APA: Washington D.C.，1994.

〔334〕Rothbart, M. K., Ziaie, H., & O'Boyle, C. G. Self-regulation and emotion in infancy〔J〕. New Directions in Child Development, 1992, 55: 7-23.

〔335〕Rozanski, A., Blumenthal, J. A., & Kaplan, J. Impact of psychological factors on the pathogenesis of cardiovascular disease and implications for therapy〔J〕. Circulation, 1999, 99（16）:2192-2217.

〔336〕Ruback, R. B., & Ivie, D. L. Prior relationship, resistance, and injury in rapes: An analysis of crisis center records〔J〕. Violence and Victims, 1988, 3: 99-111.

〔337〕Rudebeck, P. H., Walton, M. E., Smyth, A. N., Bannerman, D. M., & Rushworth, M. F. Separate neural pathways process different decision costs〔J〕. Nature Neuroscience, 2006, 9: 1161-1168.

〔338〕Rueda, M. R., Posner, M. I., & Rothbart, M. K. Attentional control and self-regulation〔M〕. In R. F. Baumeister & K. D. Vohs（Eds.），Handbook of self-regulation: Research, theory, and applications（pp. 283-300）. New York: Guilford Press, 2004.

〔339〕Rugulies, R. Depression as a predictor for coronary heart disease: A review and meta-analysis〔J〕. American Journal of Preventive Medicine, 2002, 23（1）:51-61.

〔340〕Rushworth, M. F. S. Intention, choice, and the medial prefrontal cortex〔J〕. Annals of the New York Academy of Sciences, 2008, 1124: 181-207.

〔341〕Rusting, C. L., & Nolen-Hoeksema, S. Regulating Responses to Anger: Effects of Rumination and Distraction on Angry Mood〔J〕. Journal of Personality and Social Psychology, 1998, 74: 790-803.

［342］Rutherford, H. J. V., & Lindell, A. K. Thriving and surviving: Approach and avoidance motivation and lateralization［J］. Emotion Review, 2011, 3（3）: 333–343.

［343］Saarni, C., Campos, J. J., Camras, L., & Witherington, D. C. Emotional development: Action, communication, and understanding［M］. In W. Damon（series ed.）and N. Eisenberg（vol. ed.）, Handbook of Child Psychology（Vol. 6）. John Wiley & Sons, Inc, 2006.

［344］Salovey, P., & Mayer, J. D. Emotional Intelligence［J］. Imagination, Cognition and Personality, 1990, 9: 185–211.

［345］Sanfey, A. G., Hastie, R., Colvin, M. K., & Grafman, J. Phineas gauged: Decision-making and the human prefrontal cortex［J］. Neuropsychologia, 2003, 41: 1218–1229.

［346］Sansone, C., & Thoman, D. B. Maintaining activity engagement: Individual differences in the process of selfregulating motivation［J］. Journal of Personality, 2006, 74: 1697–1720.

［347］Sapp, A. D., & Vaughn, M. S. Sex offender rehabilitation programs in state prisons: A nationwide survey［J］. Journal of Offender Rehabilitation, 1991, 17: 55–75.

［348］Satpute, A. B., & Lieberman, M. D. Integrating automatic and controlled processes into neurocognitive models of social cognition［J］. Brain Research, 2006, 1079: 86–97.

［349］Schmeichel, B. J. Attention control, memory updating, and emotion regulation temporarily reduce the capacity for executive control［J］. Journal of Experimental Psychology: General, 2007, 136: 241–255.

［350］Schmeichel, B. J., & Baumeister, R. F. Self-regulatory strength［M］. In R. F. Baumeister & K. D. Vohs（Eds.）, Handbook of self-regulation: Research, theory, and applications（pp.84 - 98）. New York: Guilford,

2004.

[351] Schmeichel, B. J., Demaree, H. A., Robinson, J. L., & Pu, J. Ego depletion by response exaggeration [J]. Journal of Experimental Social Psychology, 2006, 42: 95–102.

[352] Schmeichel, B. J., Harmon-Jones, C., & Harmon-Jones, E. Exercising self-control increases approach motivation [J]. Journal of Personality and Social Psychology, 2010, 99: 162–173.

[353] Schmidt, K. H., & Neubach, B. Self-control demands: A source of stress at work [J]. International Journal of Stress Management, 2007, 14: 398–416.

[354] Séguin, J. R., Boulerice, B., Harden, P., Tremblay, R. E., & Pihl, R. O. Executive functions and physical aggression after controlling for attention deficit hyperactivity disorder, general memory, and IQ [J]. Journal of Child Psychology and Psychiatry, 1999, 40: 1197–1208.

[355] Seeley, E. A., & Gardner, W. L. The "selfless" and self-regulation: The role of chronic other-orientation in averting self-regulatory depletion [J]. Self and Identity, 2003, 2: 103–117.

[356] Seligman, M. E. P., Csikszentmihalyi, M. Positive psychology: An introduction [J]. American Psychologist. 2000, 55: 5–14.

[357] Shealy, L., Kalichman, S. C., Henderson, M. C., Szymanowski, D., & McKay, G. MMPI Profile Subtypes of incarcerated sex offenders against children [J]. Violence and Victims, 1991, 6: 201–212.

[358] Shoda, Y., Mischel, W., & Peake, P. K. Predicting adolescent cognitive and self regulatory competencies from preschool delay of gratification: Identifying diagnostic conditions [J]. Development Psychology, 1990, 26: 978–986.

[359] Siegel, J. M. The multidimensional anger inventory [J]. Journal of

Personality and Social Psychology, 1986, 51: 191–200.

[360] Siegle, G. J., Thompson, W., Thase, M. E., Steinhauer, S. R., Carter, C. S. Increased amygdala and decreased dorsolateral prefrontal BOLD responses in unipolar depression: Related and independent features [J]. Biological Psychiatry, 2007, 61: 198–209.

[361] Smith, T. W., Glazer, K., Ruiz, J. M., & Gallo, L. C. Hostility, anger, aggressiveness and coronary heart disease: An interpersonal perspective on personality, emotion and health [J]. Journal of Personality, 2004, 72: 1217–127.

[362] Smits, D. J. M., & Kuppens, P. The relations between anger, coping with anger, and aggression, and the BIS/BAS system [J]. Personality and Individual Differences, 2005, 39: 783–793.

[363] Spielberg, J. M., Miller, G. A., Engels, A. S., Herrington, J. D., Sutton, B. P., Banich, M. T., et al. Trait approach and avoidance motivation: Lateralized neural activity associated with executive function[J]. NeuroImage, 2011, 54 (1): 661–670.

[364] Spielberg, J. M., Stewart, J. L., Levin, R. L., Miller, G. A., & Heller, W. Prefrontal cortex, emotion, and approach/withdrawal motivation [J]. Social and Personality Psychology Compass, 2008, 2 (1): 135–153.

[365] Spielberger, C. D. Manual for the state trait anger expression inventory [M]. Odessa, FL: PAR, 1988.

[366] Spielberger, C. D. Manual for the State-Trait Anger Expression Inventory-2 [M]. Odessa, FL: PAR, 1999.

[367] Spielberger, C. D., & London, P. Rage boomerangs [J]. American Health, 1982, 1: 52–56.

[368] Spielberger, C. D., & Sydeman, S. J. State-trait anxiety inventory and state-trait anger expression inventory [M]. In M. E. Maruish (Ed.),

The use of psychological testing for treatment planning and outcome assessment (Vol. 1, pp. 292–321) . Hillsdale: Lawrence Erlbaum Associates, 1994.

[369] Spielberger, C. D., Foreyt, J. P., Goodrick, G. K., & Reheiser, E. C. Personality characteristics of user of smokeless tobacco compared with cigarette smokers and non−users of tobacco products [J]. Personality and Individual Differences, 1995, 19: 439–448.

[370] Spielberger, C. D., Jacobs, D., Crane, R., Russell, R., Westberry, L., Barber, L., Johnson, E., Knight, J., & Marks, E. Preliminary manual for the state−trait personality inventories (STPI) [M]. Tampa: University of South Florida, Human Resources Institute, 1979.

[371] Spielberger, C. D., Jacobs, G. H., Russell, S. F., & Crane, R. S. Assessment of anger: The State−Trait Anger Scale [M]. In J. N. Butcher & C. D. Spielberger (Eds.), Advances in personality assessment (Vol. 2, pp. 159–187). Hillsdale, NJ: Lawrence Erlbaum Associates, Inc, 1983.

[372] Spielberger, C. D., Johnson, E. G., Russell, S. F., Crane, R. S., Jacobs, G. A., & Worden, T. J. The experience and expression of anger [M]. In M. A. Chesney & R. H. Rosenman (Eds.), Anger and hostility in cardiovascular and behavioral disorders (pp. 5–29). New York: Hemisphere/McGraw−Hill, 1985.

[373] Spielberger, C. D., Krasner, S. S., & Solomon, E. P. The experience, expression and control of anger [M]. In M. P. Janisse (Ed.), Health psychology: Individual drfferences and stress (pp. 89–108). New York: Springer−Verlag, 1988.

[374] Stanovich, K. E. Who is rational ? Studies of individual differences in reasoning [M]. Hillsdale, NJ: Erlbaum, 1999.

[375] Stanovich, K. E. The robot's rebellion: Finding meaning in the age of

Darwin [M]. Chicago: The University of Chicago Press, 2004.

[376] Steiger, J. H., & Lind, J. C. Statistically-based tests for the number of common factors [C]. Paper presented at the annual spring meeting of the Psychometric Society. Iowa City, IA, 1980.

[377] Stephen, W. S., & Lynley, M. Associations between Trait Anger and Aggression Used in the Commission of Sexual Offenses [J]. International Journal of Offender Therapy and Comparative Criminology, 2000, 44: 606-617.

[378] Stermac, L., Hall, K., & Henskens, M. Violence among child molesters[J]. The Journal of Sex Research, 1989, 26: 450-459.

[379] Stewart, J. L., Silton, R. L., Sass, S. M., Fisher, J. E., Edgar, J. C., Heller, W., et al. Attentional bias to negative emotion as a function of approach and withdrawal anger styles: An ERP investigation [J]. International Journal of Psychophysiology, 2010, 76 (1): 9-18.

[380] Striedter, G. F. Principles of brain evolution [M]. Sunderland, MA: Sinauer Associates, 2005.

[381] Stroop, J. R. Studies of interference in serial verbal reactions [J]. Journal of Experimental Psychology, 1935, 18: 643-662.

[382] Sukhodolsky, D. G., Golub, A., & Cromwell, E. N. Development and Validation and the Anger Rumination Scale [J]. Personality and Individual Difference, 2000, 31: 689-700.

[383] Sullman, M. M. Anger Amongst New Zealand Drivers [J]. Transportation Research, 2006, 9 (3): 173-184.

[384] Suls, J., Wan, C. K., & Costa, P. T. Relationship of Trait Anger to Resting Blood Pressure, a Meta-Analysis [J]. Health Psychology, 1995, 14: 444-456.

[385] Sutton, S. K., & Davidson, R. J. Prefrontal brain asymmetry: A biological

substrate of the behavioral approach and inhibition systems [J].
Psychological Science, 1997, 8 (3): 204–210.

[386] Tabachnick, B., & Fidell, L. Using multivariate statistics (4th ed.) [M].
Boston: Allyn & Bacon, 2001.

[387] Tangney, J. P. Assessing individual differences in proneness to shame and
guilt: Development of the Self-Conscious Affect and Attribution Inventory[J].
Journal of Personality and Social Psychology, 1990, 59: 102–111.

[388] Tangney, J. P. Moral affect: The good, the bad, and the ugly [J]. Journal
of Personality and Social Psychology, 1991, 61: 598–607.

[389] Tangney, J. P. Shame and guilt in interpersonal relationships [M]. In J.
P. Tangney & K. W. Fischer (Eds.), Self-conscious emotions: Shame,
guilt, embarrassment, and pride (pp. 114–139). New York: Guilford
Press, 1995.

[390] Tangney, J. P., Barlow, D. H., Wagner, P. E., Marschall, D. F.,
Borenstein, J. K., Sanftner, J., Mohr, X., & Gramzow, R. Assessing
individual differences in constructive versus destructive responses to anger
across the life span [J]. Journal of Personality and Social Psychology,
1996, 70: 780–796.

[391] Tangney, J. P., Baumeister, R. F., & Boone, A. L. High self-control
predicts good adjustment, less pathology, better grades, and interpersonal
success [J]. Journal of Personality, 2004, 72: 271–324.

[392] Tangney, J. P., Borenstein, J. K., & Barlow, D. H. Developmental
differences in constructive vs. destructive responses to anger [J]. Journal
of Personality and Social Psychology, 1995, 56: 380–396.

[393] Tangney, J. P., Wagner, P. E., Burggraf, S. A., Gramzow, R., &
Fletcher, C. Children's shame-proneness, but not guilt-proneness, is
related to emotional and behavioral maladjustment [C]. Poster presented

at the meeting of the American Psychological Society, Washington, DC, 1991.

[394] Tangney, J. P., Wagner, P. E., Fletcher, C., & Gramzow, R. Shamed into anger? The relation of shame and guilt to anger and self-reported aggression [J]. Journal of Personality and Social Psychology, 1992, 62: 669-675.

[395] Tangney, J. P., Wagner, P. E., Gavlas, J., & Gramzow, R. (1991). The Anger Response Inventory for Adolescents (AR1-A) [M]. Fairfax. VA: George Mason University.

[396] Tangney, J. P., Wagner, P. E., Hansbarger, A., & Gramzow, R. The Anger Response Inventory for Children (ARI-C) [M]. Fairfax, VA: George Mason University, 1991.

[397] Tangney, J. P., Wagner, P. E., Hill-Barlow, D., Marschall, D. E., & Gramzow, R. Relation of Shame and Guilt to Constructive versus Destructive Responses to Anger across Life Span [J]. Journal of personality and social psychology, 1996, 70: 797-809.

[398] Tavris, C. On the wisdom of counting to ten: Personal and social dangers of anger expression[J]. Review of Personality and Social Psychology, 1984, 5: 170-191.

[399] Thau, S., & Mitchell, M. S. Self-gain or self-regulation impairment? Tests of competing explanations of the supervisor abuse and employee deviance relationship through perceptions of distributive justice [J]. Journal of Applied Psychology, 2010, 95: 1009-1031.

[400] Tinbergen, N. The study of instinct [M]. Oxford, England: The Clarendon Press, 1951.

[401] Tipper, S. P., Borque, T. A., Anderson, S. H., & Brehaut, J. C. Mechanisms of attention: A developmental study [J]. Journal of

Experimental Child Psychology, 1989, 48: 353–378.

［402］Tooby, J., & Cosmides, L. The psychological foundations of culture ［M］. In J. Barkow, L. Cosmides, & J. Tooby（Eds.）, The adapted mind: Evolutionary psychology and the generation of culture（pp. 19 - 136）. New York: Cambridge University Press, 1992.

［403］Toupin, J., Deéry, M., Pauzeé, R., Mercier, H., & Fortin, L. Cognitive and familial contributions to conduct disorder in children ［J］. Journal of Child Psychology and Psychiatry, 2000, 41: 333–344.

［404］Trapnell, P. D., & Campbell, J. D. Private Self–consciousness and the Five Factor Model of Personality: Distinguishing Rumination from Reflection ［J］. Journal of Personality and Social Psychology, 1999, 76: 284–304.

［405］Trivers, R. Parental investment and sexual selection ［M］. In R. Campbell （Ed.）, Sexual selection and the descent of man（pp. 136 - 179）. Chicago: Aldine–Atherton, 1972.

［406］Tucker, L. R., & Lewis, C. A reliability coefficient for maximum likelihood factor analysis ［J］. Psychometrika, 1973, 38: 101.

［407］Uit den Boogert, P. C. Word frequencies ［M］. Utrecht, The Netherlands: Oosthoek, Scheltema and Holkema, 1975.

［408］Unger, A., & Stahlberg, D. Ego–depletion and risk behavior: Too exhausted to take a risk ［J］. Social Psychology, 2011, 42: 28–38.

［409］Unsworth, N., Heitz, R. P., & Engle, R. W. Working memory capacity in hot and cold cognition ［M］. In R. W. Engle, G. Sedek, U. Hecker, & D. N. McIntosh （Eds.）, Cognitive limitations in aging and psychopathology: Attention, working memory, and executive functions（pp. 19 - 43）. New York: Oxford University Press, 2005.

［410］Uylings, H. B. M., Groenewegen, H. J., & Kolb, B. Do rats have a prefrontal cortex？ ［J］. Behavioural Brain Research, 2003, 146: 3–17.

[411] Vallortigara, G., & Roger, L. J. Survival with an asymmetrical brain: Advantages and disadvantages of cerebral lateralization [J]. Behavioral and Brain Sciences, 2005, 28: 575-588.

[412] Van den Hout, M.A., Tenney, N., Huygens, K., & De Jong, P. Preconscious Processing in Specific Phobia [J]. Behaviour Research and Therapy, 1997, 35: 29-34.

[413] Van den Hout, M.A., Tenney, N., Huygens, K., Merckelbach, H., & Kindt, M. Responding to Subliminal Threat Cues is Related to Trait Anxiety and Emotional Vulnerability: A Successful Replication of MacLeod & Hagen (1992) [J]. Behaviour Research and Therapy, 1995, 33: 451-454.

[414] Van Honk, J., Tuiten, A., Van den Hout, M., De Haan, E., & Stam, H. Attentional Biases for Angry Faces: Relationships to Trait Anger and Anxiety [J]. Cognition and Emotion, 2001, 15: 279-297.

[415] Van Honk, J., Tuiten, A., Van den Hout, M., Putman, P., De Haan, E., Stam, H. Selective attention to unmasked and masked threatening words: relationships to trait anger and anxiety [J]. Personality and Individual Differences, 2001, 30: 711-720.

[416] Villieux, A., Delhomme, P. Driving Anger and Its Expressions: Further Evidence of Validity and Reliability for the Driving Anger Expression Inventory French Adaptation [J]. Journal of Safety Research, 2007, 41(5): 417-422.

[417] Vohs, K. D., Baumeister, R. F., Schmeichel, B. J., Twenge, J. M., Nelson, N. M., & Tice, D. M. Making choices impairs subsequent self-control: A limited-resource account of decision making, self-regulation, and active initiative [J]. Journal of Personality and Social Psychology, 2008, 94: 883-898.

[418] Wacker, J., Heldmann, M., & Stemmler, G. Separating emotion and

motivational direction in fear and anger: Effects on frontal asymmetry [J] . Emotion, 2003, 3（2）: 167-193.

[419] Wallis, J. D., Dias, R., Robbins, T. W., & Roberts, A. C. Dissociable contributions of the orbitofrontal and lateral prefrontal cortex of the marmoset to performance on a detour reaching task [J] . European Journal of Neuroscience, 2001, 13: 1797-1808.

[420] Walter, K. H., Gunstad, J., & Hobfoll, S. E. Self-control predicts later symptoms of posttraumatic stress disorder. Psychological Trauma [J] . Theory, Research, Practice, and Policy, 2010, 2: 97-101.

[421] Watson, D. The vicissitudes of mood measurement: Effects of varying descriptors, time frames, and response formats on measures of positive and negative affect [J] . Journal of Personality and Social Psychology, 1988, 55（1）: 128-141.

[422] Watson, D. Mood and temperament [M] . New York: The Guilford Press, 2000.

[423] Watson, D. Locating anger in the hierarchical structure of affect: Comment on Carver and Harmon-Jones（2009）[J] . Psychological Bulletin, 2009, 135（2）: 205-208.

[424] Watson, D., & Clark, L. A. The PANAS-X: Manual for the Positive and Negative Affect Schedule—Expanded Form [M] . Iowa City, IA: University of Iowa, 1994.

[425] Watson, R. I. The Great Psychologist from Aristotle to Freud [M] . Philadelphia: Lippincott, 1963.

[426] Westberry, L. G. Concurrent validation of the Trait-Anger Scale and its correlation with other personality measures [D] . Unpublished master's thesis, University of South Florida, 1980.

[427] Wheeler, S. C., Briñol, P., & Hermann, A. D. Resistance to persuasion

as self-regulation: Ego-depletion and its effects on attitude change processes [J]. Journal of Experimental Social Psychology, 2007, 43: 150-156.

[428] White, J. L., Moffitt, T. E., Caspi, A., Bartusch, D. J., Needles, D. J., & Stouthamer-Loeber, M. Measuring impulsivity and examining its relationship to delinquency [J]. Journal of Abnormal Psychology, 1994, 103: 192-205.

[429] Widiger, T. A., & Trull, T. J. Personality and psychopathology: An application of the five-factor model [J]. Journal of Personality, 1992, 60: 363-393.

[430] Widiger, T. A., Trull, T. J., Clarkin, J. F., Sanderson, C., & Costa, P. T. A description of the DSM-IV personality disorders with the five-factor model of personality [M]. In P. T. Costa & T. A. Widiger (Eds.), Personality disorders and the five-factor model of personality (2nd ed.). Washington, DC: American Psychological Association, 2002.

[431] Wiley, M. G., & Eskilson, A. Coping in the corporation: Sex Role Constraints [J]. Journal of Applied Social Psychology, 1982, 12: 1-11.

[432] Wilkowski, B. M., & Meier, B. P. Bring it on: Angry facial expressions potentiate approach-motivated motor behavior [J]. Journal of Personality and Social Psychology, 2010, 98 (2): 201-210.

[433] Wilkowski, B. M., & Robinson, M. D. The cognitive basis of trait anger and reactive aggression: An integrative analysis [J]. Personality and Social Psychology Review, 2008, 12: 3-21.

[434] Wilkowski, B. M., & Robinson, M. D. Guarding against hostile thoughts: Trait anger and the recruitment of cognitive control [J]. Emotion, 2008, 8: 578-583.

[435] Wilkowski, B. M., & Robinson, M. D. The anatomy of anger: An integrative cognitive model of trait anger and reactive aggression [J].

Journal of Personality, 2010, 78: 9-38.

[436] Wilkowski, B. M., & Robinson, M. D. When aggressive individuals see the world more accurately: The case of perceptual sensitivity to subtle facial expressions of anger [J]. Personality and Social Psychology Bulletin, 2012, 38: 540-553.

[437] Wilkowski, B. M., Robinson, M. D., & Meier, B. P. Agreeableness and the prolonged spatial processing of antisocial and prosocial information [J]. Journal of Research in Personality, 2006, 40: 1152-1168.

[438] Wilkowski, B. M., Robinson, M. D., & Troop-Gordon, W. How Does Cognitive Control Reduce Anger and Aggression？ The Role of Conflict Monitoring and Forgiveness Processes [J]. Journal of Personality and Social Psychology, 2010, 98 (5) : 830-840.

[439] Wilkowski, B. M., Robinson, M. D., Gordon, R. D., & Troop-Gordon, W. Tracking the evil eye: Trait anger and selective attention within ambiguously hostile scenes [J]. Journal of Research in Personality, 2007, 41: 650-666.

[440] Williams, J. E., Nieto, F. J., Sanford, C. P., Couper, D. J., & Tyroler, H. A. The association between trait anger and incident stroke risk: The atherosclerosis risk in communities (ARIC) study [J]. Stroke, 2002, 33 (1) : 13-20.

[441] Williams, J. E., Paton, C. C., Siegler, I. C., Eidenbrodt, M. L., Nieto, F. J., & Tyroler, H. A. Anger proneness predicts coronary heart disease risk: Prospective analysis from the Atherosclerosis Risk in Communities (ARIC) study [J]. Circulation, 2000, 1010: 2034-2039.

[442] Williams, J. M. G., MacLeod, C., & Mathews, A. The Emotional Stroop Task and Psychopathology [J]. Psychological Bulletin, 1996, 120: 3-24.

[443] Williams, J.M.G., Watts, F.N., MacLeod, C., & Mathews,

A. Cognitive Psychology and Emotional Disorders ［M］（2nd ed.）. Chichester: Wiley, 1997.

［444］Williams, R. The trusting heart: Great news about Type A behavior ［M］. New York: Times Books, 1989.

［445］Williams, R. B., Barefoot, J. C., Haney, T. L., Harrell, F. E., Blumenthal, J. A., Pryor, D. B., & Peterson, B. Type A behavior and agiographically documented coronary atherosclerosis in a sample of 2, 289 patients ［J］. Psychosomatic Medicine, 1988, 50: 139–152.

［446］Williams, R. B., Haney, T. L., Lee, K. L., Kong, Y., Blumenthal, J. A., & Whalen, R. Type A behavior, hostility, and coronary atherosclerosis［J］. Psychosomatic Medicine, 1980, 42: 539–549.

［447］Wills, T. A., Isasi, C. R., Mendoza, D., & Ainette, M. G. Self–control construct related to measures of dietary intake and physical activity in adolescents ［J］. Journal of Adolescent Health, 2007, 41: 551–558.

［448］Wilson, E. O. Sociobiology: The new synthesis ［M］. Cambridge: Harvard University Press, 1975.

［449］Yasak, Y., Esiyok, B. Anger amongst Turkish Drivers: Driving Anger Scale and Its Adapted, Long and Short Version ［J］. Safety Science, 2009, 47（1）:138–144.

［450］Yeung, N., Botvinick, M. M., Cohen, J. D. The neural basis of error detection: conflict monitoring and the error–related negativity ［J］. Psychological Review, 2004, 111（4）: 931–959.

［451］Zeki, S. A vision of the brain ［M］. London: Blackwell, 1993.

［452］Zelazo, P. D., & Cunningham, W. A. Executive function: Mechanisms underlying emotion regulation ［M］. In J. J. Gross （Ed.）, Handbook of emotion regulation （pp. 135 – 158）. New York: Guilford, 2007.

［453］Zelazo, P. D., Qu, L., & Muller, U. Hot and cool aspects of executive function: Relations in early development [M]. In W. Schneider, R. Schumann-Hengsteler, & B. Sodian (Eds.), Young children's cognitive development: Interrelationships among executive functioning, working memory, verbal ability, and theory of mind (pp. 71-94). London: Routledge, 2005.

[454] Zelin, M. L., Adler, G., & Myerson, P. G. Anger self-report: An objective questionnaire for the measurement of aggression [J]. Journal of Consulting and Clinical Psychology, 1972, 39: 340.

[455] Zinner, L. R., Brodish, A. B., Devine, P. G., & Harmon-Jones, E. Anger and asymmetrical frontal cortical activity: Evidence for an anger-withdrawal relationship [J]. Cognition & Emotion, 2008, 22 (6): 1081-1093.